TEUBNERS TECHNISCHE LEITFÄDEN

Ausgleichsrechnung nach der Methode der kleinsten Quadrate in ihrer Anwendung auf Physik, Maschinenbau, Elektrotechnik und Geodäsie. Von Ingenieur **V. Happach**, Oranienburg b. Berlin. Mit 7 Fig. [IV u. 74 S.] 1923. (Bd. 18.)

Grundzüge der Festigkeitslehre. Von Geh. Hofrat Dr.-Ing. **A. Föppl**, weil. Prof. a. d. Techn. Hochschule in München u. Dr.-Ing. **O. Föppl**, Prof. a. d. Techn. Hochschule in Braunschweig. Mit 141 Abb. im Text u. a. 1 Tafel. [IV u. 290 S.] 1923. (Bd. 17.)

Technische Statik. Von Dr.-Ing. **A. Pröll**, Prof. an der Techn. Hochschule in Hannover. (Bd. 26.) [In Vorb. 1928.]

Dynamik. Von Dr.-Ing. **A. Pröll**, Prof. a. d. Techn. Hochschule in Hannover. (Bd. 25.) [In Vorb. 1928.]

Grundriß der Hydraulik. Von Hofrat Prof. Dr. **Ph. Forchheimer**, Wien. 2. Aufl. Mit 117 Fig. im Text. [VI u. 134 S.] 1926. (Bd. 8.)

Dampfturbinen und Turbokompressoren. Von Dr.-Ing. **H. Baer**, Professor an der Technischen Hochschule in Breslau. Mit 130 Abb. [IV u. 153 S.] 1924. (Bd. 20.)

Die elektrischen Maschinen. Einführung in ihre Theorie. Von Dr.-Ing **M. Liwschitz**, Charlottenburg. Mit 284 Abb. u. 13 Tafeln. [VIII u. 337 S 1926. (Bd. 24.) Bd II: Konstruktion und Isolierung. [In Vorb. 1928.]

Erdbau, Stollen- und Tunnelbau. Von Dipl.-Ing. **A. Birk**, Prof. a. d. Techn. Hochschule in Prag. Mit 110 Abb. [V u. 117 S.] 1920. (Bd. 7.)

Landstraßenbau einschließlich Trassieren. Von Oberbaurat **W. Euting**, Stuttgart. Mit 54 Abb. i. Text u. a. 2 Taf. [IV u. 100 S.] 1920. (Bd. 9.)

Eisenbetonbau. Von **H. Kayser**, Prof. an der Techn. Hochschule in Darmstadt. Mit 209 Abb. i. Text. [IV u. 129 S.] 1923. (Bd. 19.)

Hochbau in Stein. Von Geh. Baurat **H. Walbe**, Prof. an der Tech. Hochsch. in Darmstadt. Mit 302 Fig. i. Text. [VI u. 110 S.] 1920. (Bd. 10.)

Veranschlagen, Bauleitung, Baupolizei, Heimatschutzgesetze. Von Stadtbaurat **Fr. Schultz**, Bielefeld. Mit 3 Taf. [IV u. 150 S.] 1921. (Bd. 12.)

Leitfaden der Baustoffkunde. Von Geheimrat Dr.-Ing. **M. Foerster**, Prof. an der Technischen Hochschule in Dresden. Mit 57 Abb. im Text. [V und 220 S.] 1922. (Bd. 15.)

Mechanische Technologie. Von Dr. **R. Escher**, weil. Professor a. d. Eidgenössischen Technischen Hochschule in Zürich. 2. Aufl. Mit 418 Abb. im Text. [VI u. 164 S.] 1921. (Bd. 6.)

Weitere Bände befinden sich in Vorbereitung

Springer Fachmedien Wiesbaden GmbH

TEUBNERS TECHNISCHE LEITFÄDEN
BAND 4

DIFFERENTIAL- UND INTEGRALRECHNUNG

VON

DR. LUDWIG BIEBERBACH
O. Ö. PROFESSOR AN DER FRIEDRICH-WILHELMS-UNIVERSITÄT BERLIN

BAND I: DIFFERENTIALRECHNUNG

DRITTE, VERMEHRTE UND VERBESSERTE AUFLAGE

MIT 34 FIGUREN IM TEXT

SPRINGER FACHMEDIEN WIESBADEN GMBH 1928

URSPRÜNGLICH ERSCHIENEN BEI B. G. TEUBNER IN LEIPZIG 1922.
ISBN 978-3-663-15489-1 ISBN 978-3-663-16061-8 (eBook)
DOI 10.1007/978-3-663-16061-8

Vorwort zur ersten Auflage.

Das vorliegende Werk, aus Vorlesungen erwachsen, ist zum Gebrauch neben Vorlesungen bestimmt. Es wendet sich hauptsächlich an die Studierenden unserer Universitäten. Darum lege ich stets das Hauptgewicht auf eine exakte Formulierung der Grundbegriffe der Infinitesimalrechnung und einen exakten Beweis ihrer grundlegenden Sätze. Ich habe mich, wie es sich für einen Leitfaden gehört, bemüht, namentlich den methodischen Gehalt der Beweise hervortreten zu lassen, und habe daher selten die Sätze so allgemein ausgesprochen, als es möglich gewesen wäre. Sonst hätte nämlich unwesentliches Beiwerk den Beweis schleppend gemacht und die Wirksamkeit und Zugkraft des Grundgedankens verwischt. Überall hatte ich das Bestreben, enzyklopädische Kürze zu vermeiden. Wo es nötig schien, habe ich auch eine breite Darstellung nicht gescheut. Kürze und äußerste Knappheit schien mir nur da im Interesse des Lesers, wo es galt, einen Beweis unter etwas anderen Umständen, aber mit demselben Grundgedanken zu wiederholen. Die Arbeit, sich das Wort für Wort zu übersetzen, habe ich immer dem Leser überlassen. Geometrische und andere theoretische Verwendungen sind nur insoweit berücksichtigt, als sie zur Erläuterung, Belebung und Veranschaulichung des Vorgetragenen dienlich schienen. Sie waren mir nur Mittel zu diesem Zweck. Jedoch habe ich die Probleme, die die Anwendungsgebiete der Theorie dieser selbst stellen, voll berücksichtigt und daher überall versucht, die Gedankenentwicklung so weit zu führen, als es das Ziel einer praktischen Beherrschung der theoretischen Rechnungen und Überlegungen verlangt. Das sind mir schon rein pädagogisch vorzügliche Mittel zur Vertiefung des Verständnisses der Überlegungen, die man allgemein der „reinen“ Mathematik zurechnet. Es scheint mir nicht allein historisch ein Fehler, diese Dinge von der „reinen“ Mathematik loszureißen, um aus ihnen und manchen anderen ein neues Gebiet zu machen, die angewandte Mathematik, die man dann zwischen die reine Mathematik und ihre Anwendungsgebiete[1]) keilen möchte. Das zerstört wieder die Absicht den lebendigen Odem der Anregungen von außen, der die Mathematik entstehen hieß und dem sie immerfort und vielfach neues Leben verdankt.

---

1) Das erst ist im richtigen Sprachgebrauch „angewandte“ Mathematik. Was man gewöhnlich so nennt, müßte sprachlich richtig „anwendbare“ oder praktische Mathematik heißen.

Ich will mit dem Gesagten nicht bestreiten, daß es nützlich ist, wie andere Spezialgebiete der reinen Mathematik auch die Fragen der Anwendbarkeit zusammenhängend zu behandeln. Das geht aber nur auf Grund der Theorie und nicht ohne sie oder gar im Widerspruch mit ihr.

Ich sage das alles zur Erläuterung, warum in diesem Werk so eminent theoretische Fragen, wie die der stetigen, nirgends differenzierbaren Funktionen, und so anwendbare, wie die Methode der graphischen Integration, einträchtig nebeneinander stehen. Darum habe ich mich auch immer bemüht aufzuweisen, wie die Begriffsbildungen der Mathematik im Grunde begriffliche Fassung und damit Stilisierung von Vorstellungsinhalten sind, welche selbst als Unterlage logischer Operationen nichts taugen.

Verschiedene Male bin ich von den sonst üblichen ausgetretenen Pfaden der Beweisführung abgewichen. Denn vielfach gibt es trotz aller Tradition Beweise, die einfacher sind als die zumeist üblichen. Ich verweise z. B. auf die Behandlung des Fundamentalsatzes der Integralrechnung.

Für treue Hilfe bei den Korrekturen sage ich Herrn Privatdozent Dr. O. Szász in Frankfurt und nicht minder Herrn Lehramtskandidat E. Schwarck in Lötzen aufrichtigen Dank.

Frankfurt a. M., im Sommer 1917.

Bieberbach.

Vorwort zur zweiten Auflage.

Die zweite Auflage ist ein genau durchgesehener und verbesserter Abdruck der ersten. Neuaufgenommen habe ich weitergehende Veranschaulichungen der unendlichen Reihen und einen kurzen Abschnitt über hyperbolische Funktionen. In den zweiten Band soll die aus unseren heutigen Lehrbüchern meist verschwundene, aber für die numerische Auswertung von Reihen und Integralen so wichtige Eulersche Summenformel Aufnahme finden.

Berlin, im Sommer 1921.

Bieberbach.

Vorwort zur dritten Auflage.

Der Text wurde erneut durchgesehen und an einigen Stellen verbessert und ergänzt. Hinzugefügt habe ich einen Paragraphen über Maxima und Minima mit Nebenbedingungen. Für einige wertvolle Ratschläge bin ich Herrn Kollegen Kamke in Tübingen zu Dank verpflichtet.

Berlin, im Herbst 1927.

Bieberbach.

Inhaltsverzeichnis.

VII. Die Taylorsche Formel.

VIII. Unbestimmte Formen.

X. Funktionen von zwei Variablen.

I. Der Funktionsbegriff.

§ 1. Die Funktion als analytischer Ausdruck. Ausdrücke wie die folgenden: $y = x + 1$, $y = 2x^2 + 3$, $y = ax + b$, $y = \sqrt{x}$, $y = \sin x$, $y = \log x$, $y = x!$ erlauben es entweder, ohne weiteres zu gegebenen Werten von x die zugehörigen Werte von y zu berechnen, oder es sind doch dadurch wie bei $y = \sin x$ und $y = \log x$ in bekannter Weise gegebenen Werten der unabhängigen Veränderlichen x bestimmte, etwa aus einer Tafel zu entnehmende Werte der abhängigen Veränderlichen y zugeordnet. Jedesmal, wenn dies der Fall ist, heißt y eine *Funktion* von x. Man pflegt zur Abkürzung $y = f(x)$ zu schreiben. Dabei ist also mit $f(x)$ die Vorschrift oder der analytische Ausdruck oder der gesetzmäßige Zusammenhang bezeichnet, der die den einzelnen x-Werten zugehörigen y-Werte bestimmt. Immer heißt x die unabhängige Veränderliche, weil die Werte von x beliebig gegeben werden können, und y die abhängige Veränderliche, weil die Werte von y eben durch die gegebenen Werte von x bestimmt sind, also von diesen abhängen. x und y heißen Veränderliche, weil sie nicht ein für allemal feste Zahlen bedeuten, sondern weil sie verschiedene (veränderliche) Werte annehmen können. Diese Angaben sind wohl eine genügende Erläuterung für den Sinn der folgenden

Definition: y heißt eine Funktion von x, wenn gegebenen Werten von x Werte von y zugeordnet sind.

Bemerkungen: 1. Es ist durch die Definition nicht verlangt, daß *jedem* Wert von x ein Wert von y zugeordnet ist. Die Funktion braucht also nicht für alle Werte von x erklärt zu sein. Ein Beispiel dafür war schon zu Beginn des Paragraphen gegeben: $y = x!$, eine Funktion, die nur für ganzzahlige x-Werte erklärt ist, nämlich als das Produkt aller ganzen Zahlen von 1 bis x, also $y = 1 \cdot 2 \cdot 3 \ldots x$. Man liest $y = x$-Fakutät.

In ähnlicher Weise ist der Logarithmus wohl dem Leser auf der Schule nur für positive Werte von x erklärt worden.

Wir wollen uns also den Vorrat der Werte von x, für die eine Funktion erklärt sein soll, ganz beliebig denken; es kann bald dieser, bald jener sein, je nach den Zwecken, die man verfolgt.

2. Unsere Definition verlangt nicht, daß jedem x-Wert, für den die Funktion erklärt ist, nur *ein* Wert von y zugeordnet ist. Es können *mehrere* sein. Bei $y = \sqrt{x}$ gehören ja bekanntlich zu

jedem x zwei Werte von y, die sich voneinander durchs Vorzeichen unterscheiden.

Erklärung: Wenn den x-Werten immer nur ein y-Wert zugeordnet ist, so sprechen wir von einer *eindeutigen* Funktion; sind allen oder einzelnen x-Werten mehrere Werte von y zugeordnet, so haben wir es mit einer *mehrdeutigen* Funktion zu tun.

3. Nach unserer Definition der Funktionen einer unabhängigen Veränderlichen x wird es dem Leser klar sein, daß man $z = f(x, y)$ eine Funktion der beiden unabhängigen Veränderlichen x und y nennen wird, wenn den Wertepaaren (x, y) Werte von z zugeordnet sind; z. B. durch den Ausdruck $z = x^3 + 3y^2$.

4. Die in der Definition verlangte Zuordnung kann auf die mannigfachste Art und Weise hergestellt werden; es kann durch einen *expliziten* analytischen Ausdruck $y = f(x)$ geschehen, aber es gibt auch noch andere Möglichkeiten dafür. So kann z. B. die Herstellung eines expliziten Ausdruckes erst noch Rechenarbeit verlangen, sofern sie überhaupt möglich ist. So ist z. B. y auch durch eine Gleichung wie $x^2 + xy^2 - 4y + 1 = 0$ als Funktion von x definiert; wir brauchen ja nur den Wert von x, für den wir y berechnen wollen, einzusetzen und dann die Gleichung nach y aufzulösen; oder wir können auch die Auflösung der Gleichung ein für allemal bewerkstelligen und dann in die fertige Formel gegebene x-Werte einsetzen und y berechnen. Das war nur ein Beispiel; die vorgelegte Gleichung kann auch so kompliziert sein, daß es ohne tiefere Hilfsmittel gar nicht möglich ist, eine explizite Formel aus ihr zu gewinnen. Nichtsdestoweniger wird man häufig in der Lage sein, nach Einsetzen des gegebenen x-Wertes in die Gleichung, z. B. durch Probieren, zwar nicht absolut genaue — was ja auch sonst nur in den seltensten Fällen möglich sein wird —, aber doch praktisch brauchbare Näherungswerte zu finden. Wie das in den einzelnen Fällen zu machen ist, wollen wir bei der Fassung unserer Definition dahingestellt sein lassen. Wir sprechen von einer *impliziten* Definition der Funktion, wenn eine Gleichung $f(x, y) = 0$ zwischen x und y gegeben ist, wenn also zusammengehörige Werte von x und y dadurch erklärt sind, daß sie eine Funktion zweier Variabler zum Verschwinden bringen.

Es sei uns eine Funktion durch einen analytischen Ausdruck von der folgenden Art gegeben $y = a_0 x^n + a_1 x^{n-1} + \cdots + a_{n-1} x + a_n$, z. B. $y = 2x^3 + 3x^2 - 2x + 1$. Dabei soll n, der Grad der Funktion, irgendeine positive ganze Zahl sein, die Koeffizienten a_i sind irgendwelche fest gegebene Zahlen. Eine derartige Funktion heißt eine *ganze rationale Funktion* $n$ten *Grades*. Zu ihrer Berechnung für gegebene x-Werte ist nur die Verwendung der vier Grundrechnungsarten nötig; insbesondere ist bei diesen ganzen Funktionen niemals mit dem Wert von x

eine Division auszuführen; denn x kommt nirgends im Nenner vor. Lassen sich Divisionen mit x selbst nicht vermeiden, so liegt eine *gebrochene* rationale Funktion vor. Eine solche läßt sich, wie man schon auf der Schule lernt, immer auf Hauptnenner bringen. Sie kann also immer in der Gestalt

$$y = \frac{a_0 x^n + a_1 x^{n-1} + \cdots + a_n}{b_0 x^m + b_1 x^{m-1} + \cdots + b_m}$$

geschrieben werden.

Daß hiernach eine *ganze rationale Funktion von zwei Variablen* durch einen Ausdruck von der Form $z = \sum a_{ik} x^i y^k$ erklärt wird, bedarf keiner näheren Erläuterung. Er entsteht also durch Summation von lauter Einzelausdrücken $a_{ik} x^i y^k$. Die Exponenten i, k von x und y sind wieder ganze positive Zahlen. Die höchste in einem Glied vorkommende Summe der beiden Exponenten $i + k$ heißt die *Ordnung* oder der *Grad* der Funktion. So ist also z. B. $z = x^2 y + x^2 + y + 1$ vom dritten Grade.

Eine Funktion, die durch Nullsetzen einer ganzen rationalen Funktion $f(x, y)$ erklärt werden kann, heißt eine *algebraische* Funktion. Alle anderen Funktionen, die also nicht Lösungen einer algebraischen Gleichung zwischen x und y sein können, heißen *transzendente* Funktionen.

Ob eine gegebene Funktion transzendent ist oder nicht, bedarf gewöhnlich einer näheren Untersuchung, die schwierig sein kann. Es gibt jedoch ein elementares, oft ausreichendes Kriterium, das wir ableiten wollen (§ 4). Wir werden daraus z. B. entnehmen können, daß $y = \sin x$ eine transzendente Funktion ist.

§ 2. Graphische Darstellungen. Der in § 1 eingeführte Funktionsbegriff ist einer wichtigen geometrischen Deutung fähig. Wir erhalten sie, wenn wir die Grundvorstellungen der analytischen Geometrie, insbesondere den Koordinatenbegriff, heranziehen. Das sind Dinge, die wir als bekannt voraussetzen. Fassen wir dann x und y als rechtwinklige Koordinaten eines Punktes auf, so wird das geometrische Bild einer Funktion $y = f(x)$ eine Kurve mit der Gleichung $y = f(x)$. Umgekehrt aber ist auch durch die Aufzeichnung einer Kurve in einem rechtwinkligen Koordinatensystem eine Funktion definiert; denn die aufgezeichnete Kurve erlaubt es, zu vorgegebenen x-Werten zugehörige y-Werte zu bestimmen. Das sind die Ordinaten derjenigen Kurvenpunkte, deren Abszisse dem gegebenen x-Wert gleich ist. An einfachen Figuren wie den umstehenden Figuren 1 und 2 wird sich der Leser den Unterschied zwischen *eindeutigen und mehrdeutigen* Funktionen klar machen. In Fig. 1 wird der Leser bei jeder Abszisse nur einen Kurvenpunkt finden, in Fig. 2 dagegen gehören zu einzelnen Abszissen mehrere Kurvenpunkte.

Die Funktion, deren geometrisches Bild die Kurve darstellt, ist also mehrdeutig.

Wir haben oben schlechthin das geometrische Bild einer Funktion *Kurve* genannt. Die Kurven, die wir so erhalten, entsprechen nicht immer den landläufigen Vorstellungen, die man sich, und die sich wohl auch der Leser von einer Kurve zu machen pflegt. Wenn sich z. B. der Leser das geometrische Bild der Funktion $y = x!$ aufzeichnet, so sieht er oder weiß es von vornherein, daß dieses Bild, das wir oben Kurve nannten, überhaupt nur aus einzelnen Punkten besteht. Nur zu ganzzahligen Abszissen gehören Kurvenordinaten, weil unsere Funktion nur für ganzzahlige Werte von x erklärt ist. Nichtsdestoweniger wollen wir auch für

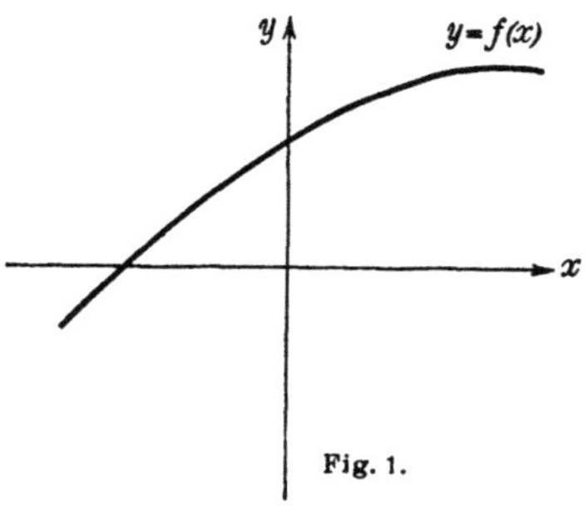

Fig. 1.

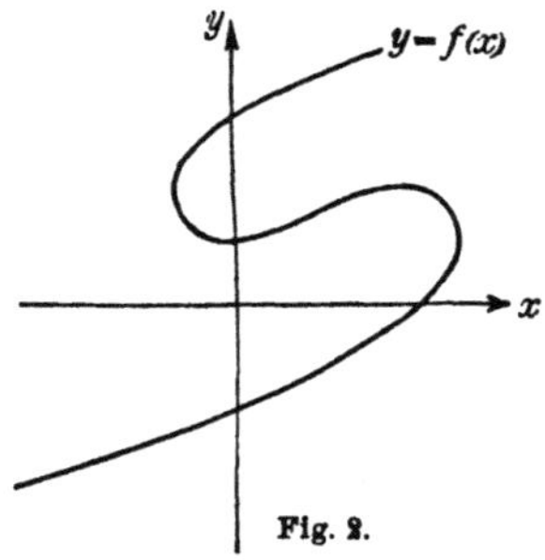

Fig. 2.

diese geometrischen Bilder das Wort Kurve beibehalten.[1]) Wir haben dann eine kurze Benennung. Was wir eben sahen, ist nicht das einzige Unerwartete, das unserem Kurvenbegriff anhaftet. Wir werden im Laufe unserer Betrachtungen noch manches Absonderliche treffen (z. B. S. 128 ff.). Und es ist auch gut, wenn der Leser sich von vornherein daran gewöhnt, daß zwar die meisten mathematischen Begriffsbildungen letzten Endes aus Anschauung oder Erfahrung stammen, daß sie aber nie den vollen und genauen Inhalt unserer Vorstellungen wiedergeben. Wollte der Leser versuchen, den Kurvenbegriff so zu fassen, daß er den vollen Inhalt unserer Vorstellung wiedergäbe, so würde er sicher nicht ohne eine recht verzwickte Beschreibung auskommen. Wir wollen daher das Wort Kurve als einen bequemen Ausdruck für das geometrische Bild einer Funktion in irgendeinem Koordinatensystem verwenden. Statt rechtwinkliger Koordinaten können dabei ebensogut schiefwinklige oder Polarkoordinaten usw. Verwendung finden.

Wir beschließen diesen Paragraphen mit einem Beispiel einer Kurve bzw. Funktion, auf die wir uns noch öfter beziehen werden.

---

1) Es handelt sich hier um ein Vorkommen isolierter Kurvenpunkte, die uns später wieder begegnen werden (S. 132).

Wir wollen es der Theorie der *Zykloiden* entnehmen. Denken wir uns einen Kreis auf einer anderen Kurve, etwa einer Geraden oder einem Kreis, rollen, so beschreibt ein mit dem rollenden Kreis fest verbundener Punkt eine Kurve, eine Rollkurve oder Zykloide. Der Leser findet darüber auch einiges in Frickes Leitfaden der analytischen Geometrie auf S. 83ff. Wir wollen einen Kreis auf einer Geraden rollen lassen und die Kurve betrachten, die ein Punkt seiner Peripherie beschreibt. Wir machen die genannte Gerade zur x-Achse und wählen senkrecht dazu irgendwie die y-Achse. Nun denken wir uns den Kreis auf die x-Achse gelegt und zunächst den Punkt, der die Kurve beschreiben soll, als tiefsten Punkt gewählt. Er mag in dieser Lage in den Koordinatenanfangspunkt fallen. Von dieser Ausgangslage an lassen wir den Kreis rollen. Wir haben in der Fig. 3 eine weitere Lage gezeichnet. Dabei mag der Kreis gegen die Ausgangslage um den Winkel φ gerollt sein. Dann wird der Kreisradius, auf dem unser Punkt liegt, gegen die Ausgangslage sich um φ gedreht haben. Sei r die Länge des Kreisradius; dann können wir die Koordinaten der Punktes in seiner neuen Lage aus der Figur ablesen. Wir finden

$$x = r\varphi - r\sin\varphi,$$

$$y = r - r\cos\varphi.$$

Denn das Stück der x-Achse von 0 bis A muß dem darauf abgerollten Kreisbogen A bis P gleich sein, also gleich $r\varphi$.[1]) Davon ist die Strecke BA abzuziehen, die man dem kleinen rechtwinkligen Dreieck entnimmt. Aus diesem liest man auch den angegebenen Ausdruck für y ab. Den ungefähren Verlauf der Kurve haben wir in der Figur angegeben. Sie definiert uns eine Funktion. Wir haben auch durch die Berechnung von x und y einen analytischen Ausdruck für diese Funktion gefunden. Das ist aber eine andere Art von analytischen Ausdrücken, als die, welche wir im vorigen Paragraphen kennen lernten. Diese neue Art heißt *Parameterdarstellung der Funktion bzw. Kurve,* weil die Zuordnung der y-Werte zu den x-Werten nicht unmittelbar geschieht, wie im vorigen Paragraphen, sondern durch Vermittlung eines Parameters. Man greift oft zu diesem Mittel, weil eine solche Parameterdarstellung vielfach einfachere Ausdrücke liefert

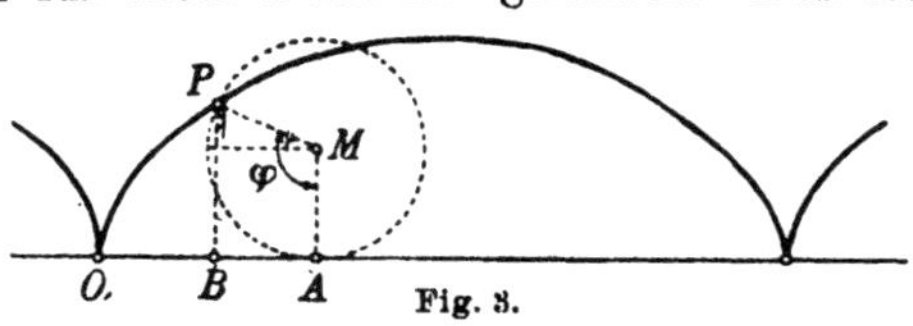

Fig. 3.

1) Wir messen hier und in der Folge immer die Winkel im Bogenmaß. Wir verweisen den Leser, der schon eine strenge Begründung vermißt, auf die Ausführungen über die Rektifikation des Kreises im Bändchen über Integralrechnung.

als die im vorigen Paragraphen herangezogenen Mittel. Man kann natürlich immer wenigstens in Gedanken zu einer Darstellung von der Form $y = f(x)$ übergehen. Man hat ja nur das einem gegebenen x-Wert zugehörige φ auszurechnen und in den Ausdruck von y einzutragen. Das würde aber z. B. hier sehr weitläufig. Einfacher, aber noch kompliziert genug, ist es, zunächst aus der zweiten Gleichung φ durch y auszudrücken und in die Gleichung für x einzutragen. Man erhält so die Kurvengleichung in expliziter Gestalt von der Form $x = f(y)$.

Die hier besprochenen graphischen Darstellungen führen uns noch zu einer anderen Begriffsbildung hin, nämlich zur *Umkehrungsfunktion.* Eine gezeichnet vorgelegte Kurve definiert bei gegebenem Koordinatensystem nicht nur eine Funktion, sondern deren zwei. Wir benutzten bisher die Kurve dazu, um zu gegebenen Abszissen die zugehörigen Ordinaten zu bestimmen. Wir faßten also x als unabhängige, y als abhängige Variable auf. Wir können auch beide ihre Rolle vertauschen lassen und die zu gegebenen Ordinaten zugehörigen Abszissen ablesen. Lieferte nun die erste Ablesung $y = f(x)$ und die zweite $x = \varphi(y)$, so nennen wir $x = \varphi(y)$ die *Umkehrungsfunktion oder inverse Funktion* von $y = f(x)$. Ebenso heißt $y = f(x)$ die Umkehrungsfunktion von $x = \varphi(y)$. Wenn wir $y = f(x)$ haben, so können wir die Umkehrungsfunktion rein rechnerisch finden, indem wir die Gleichung $y = f(x)$ nach x auflösen.

Der Unterschied zwischen ein- und mehrdeutigen Funktionen war an den Kurven leicht klar zu legen. Der Unterschied zwischen algebraischen und transzendenten Funktionen springt geometrisch nicht immer sofort in die Augen. Doch werden wir bald lernen, wie wir manchen Kurven doch sofort ansehen können, daß sie nicht algebraisch sind. Dabei nennen wir eine Kurve algebraisch, wenn sie die graphische Darstellung einer algebraischen Funktion ist, wenn also ihre Gleichung durch Nullsetzen einer ganzen rationalen Funktion der cartesischen Koordinaten gewonnen wird.

§ 3. Ganze rationale Funktionen und ihre Nullstellen. Wenn α_1 und α_2 die beiden Wurzeln der quadratischen Gleichung $a_0 x^2 + a_1 x + a_2 = 0$ sind, so kennt jedermann die für alle x geltende Faktorzerlegung $a_0 x^2 + a_1 x + a_2 = a_0 (x - \alpha_1)(x - \alpha_2)$. In ihr ist jedenfalls die Aussage enthalten, daß immer, wenn α_1 eine Wurzel der Gleichung $f(x) = 0$ ist, die auf der linken Seite stehende ganze rationale Funktion zweiten Grades $f(x)$ durch $x - \alpha_1$ teilbar ist. Dabei nenne ich also allgemein die ganze rationale Funktion $f(x)$ durch die ganze rationale Funktion $\varphi(x)$ *teilbar*, wenn der Quotient $q(x) = \frac{f(x)}{\varphi(x)}$ selbst wieder eine ganze rationale Funktion ist. Der eben bei Funktionen zweiten Grades festgestellte *Satz* gilt allgemein: *Wenn* α_1 *eine Wurzel der Gleichung* $f(x) \equiv a_0 x^n + a_1 x^{n-1} + \cdots + a_n = 0$ *ist, so ist die ganze rationale Funktion* $f(x)$ *durch* $x - \alpha_1$ *teilbar.*

Das läßt sich leicht einsehen, wenn man nur daran denkt, wie man die Division $f(x)$ durch $x - \alpha_1$ auszuführen pflegt. Man erhält dabei einen Quotienten vom $(n-1)$ten Grad $q_1(x)$ und einen Rest r von niedrigerem Grade als der Divisor $x - \alpha_1$, d. h. also hier einen konstanten Rest. Ich kann daher das Resultat der Rechnung so notieren: $f(x) = q_1(x)(x - \alpha_1) + r$. Das gilt nun für alle x, also namentlich auch für $x = \alpha_1$. Für diesen Wert erhalte ich aber $r = f(\alpha_1)$. Da aber α_1 eine Wurzel von $f(x) = 0$ ist, so habe ich $r = f(\alpha_1) = 0$. Daher gilt $f(x) = q_1(x)(x - \alpha_1)$. Damit ist unser Satz bewiesen.

Wir können aus ihm sofort folgern, *daß eine algebraische Gleichung* n*ten Grades* $a_0 x^n + a_1 x^{n-1} + \cdots + a_n = 0$ *höchstens* n *Wurzeln hat.* Denn entweder hat der eben berechnete Quotient $(n-1)$ten Grades keine Wurzel, oder er besitzt Wurzeln. Im ersten Falle ist der Satz bewiesen. Denn dann hat $f(x) = 0$ selbst außer $x = \alpha_1$ keine Wurzel. Wäre nämlich $x = \alpha_2$ eine solche von α_1 verschiedene Wurzel, so hätte ich $f(\alpha_2) = q_1(\alpha_2)(\alpha_2 - \alpha_1)$. Wegen $\alpha_2 \neq \alpha_1$ muß also $q_1(\alpha_2) = 0$ sein, gegen die Annahme. Hat aber $q_1(x) = 0$ selbst eine Nullstelle α_2, so kann ich schreiben $q_1(x) = q_2(x)(x - \alpha_2)$. Daher gilt $f(x) = (x - \alpha_1)(x - \alpha_2) q_2(x)$. α_2 ist also eine Wurzel von $f(x) = 0$. Auf die angegebene Weise kann man weiter schließen und immer neue Linearfaktoren abspalten. Bei jedem dieser Schritte erniedrigt sich aber der Grad des noch nicht in Linearfaktoren zerlegten Faktors um eine Einheit. Ich kann also höchstens $n$mal nacheinander Linearfaktoren abspalten. Daraus folgt aber, wie oben behauptet wurde, daß eine Gleichung $n$ten Grades höchstens n Wurzeln hat. Daß sie bei $\alpha_0 \neq 0$ genau n Wurzeln hat, oder daß das Abspalten von Linearfaktoren genau $n$mal geht, ist der Inhalt des *Fundamentalsatzes der Algebra*[1]: *Jede algebraische Gleichung* n*ten Grades* $(n > 0,\ a_0 \neq 0)$ *hat mindestens eine Wurzel.* Ich kann also jedesmal von dem noch nicht zerlegten Faktor bei dem obigen Prozeß mindestens einen Linearfaktor abspalten, solange dieser Faktor noch von x abhängt. Von x unabhängig wird er aber selbstverständlich erst nach n Schritten, so daß ich also immer $n$mal nacheinander je einen

1) Wir werden diesen Satz in diesem Buche immer als richtig annehmen, wie er denn auch dem Leser von Beispielen her geläufig ist. Sein Beweis ist nicht Gegenstand dieses Werkes. Der Leser, den die Verwendung eines nicht bewiesenen Satzes stört, mag sich ruhig auf den Standpunkt stellen, daß alles Gesagte eben nur für solche Funktionen gilt, für die der Satz richtig ist. Er kennt solche Funktionen, und andere als solche werden ihm nie begegnen.

Linearfaktor abspalten kann. Der dann schließlich noch bleibende konstante Schlußfaktor stimmt mit dem Koeffizienten a_0 überein. Man erkennt das daraus, daß der Koeffizient der höchsten Potenz von x in jeder der noch in Faktoren zu zerlegenden Funktionen $q_1(x)$, $q_2(x)$ usw. jedesmal a_0 ist. Dies springt in die Augen, wenn man daran denkt, wie z. B. die Division $f(x) : (x - \alpha_1)$ ausgeführt wird. Man bekommt daher immer eine Zerlegung der folgenden Art:

$$f(x) = a_0 x^n + \cdots + a_n = a_0 (x - \alpha_1)(x - \alpha_2) \ldots (x - \alpha_n).$$

Ist aber α irgendeine Zahl, für die $f(\alpha) = 0$ ist, so muß einer der Faktoren $\alpha - \alpha_k = 0$ sein, so daß also außer den α_k keine Wurzeln auftreten. Wir können daher das Resultat so aussprechen: *Eine jede algebraische Gleichung hat n Wurzeln.* Das ist also nur eine andere Sprechweise für die Tatsache, daß ich eine Funktion $n$ten Grades (mit nichtverschwindendem Koeffizienten des höchsten Gliedes) immer in genau n Linearfaktoren zerlegen kann. Diese brauchen natürlich nicht alle voneinander verschieden zu sein, wie dem Leser von trivialsten Beispielen her geläufig ist, z. B. $x^2 + 2ax + a^2 = (x + a)^2$. Wenn wir also nur die voneinander verschiedenen Wurzeln zählen wollen, so können dies weniger als n sein. Man kommt aber überein, einer jeden Wurzel eine gewisse *Vielfachheit* zuzuerteilen. Man zählt nämlich jede Wurzel α so oft, als bei der Zerlegung von $f(x)$ in Linearfaktoren der Faktor $x - \alpha$ auftritt. So rede ich also von einer dreifachen Wurzel, wenn der Faktor $x - \alpha$ genau dreimal vorkommt. Dies ist eine präzise Begriffsbildung, weil man leicht erkennt, daß die Zerlegung in Linearfaktoren nur auf eine Weise möglich ist, daß sie also insbesondere von der Reihenfolge unabhängig ist, in der die Wurzeln von $f(x)$ Verwendung fanden. Soll nämlich für alle x

$$a_0(x - \alpha_1) \ldots (x - \alpha_n) = b_0(x - \beta_1) \ldots (x - \beta_m)$$

sein, so trage man z. B. $x = \alpha_1$ ein. Da dann auch die rechte Seite verschwinden muß, so muß entweder $b_0 = 0$ sein, oder α_1 einem der β gleich sein. Wäre aber $b_0 = 0$, so wäre die rechte Seite für alle x Null, daher auch die linke. Daher wäre $a_0 = 0$, weil doch ein Produkt nur verschwinden kann, wenn ein Faktor verschwindet.

Nehmen wir also $a_0 \neq 0$, $b_0 \neq 0$ an, so haben beide Seiten den Faktor $x - \alpha_1$ gemein. Wir heben ihn weg und wiederholen den gleichen Schluß. So gelangt man zu der Einsicht, daß $n = m$ ist, und daß jede Wurzel auf der einen Seite genau ebensooft vorkommt wie auf der anderen.

Zusatz: Wenn ich irgendwoher weiß, daß eine ganze rationale Funktion erstens höchstens vom $n$ten Grade ist, und wenn ich zweitens weiß, daß sie für mehr als n voneinander verschiedene Werte verschwindet, so kann ich daraus schließen, daß die Funktion für alle x-Werte verschwindet, daß ich es also mit der Funktion $y = 0$ zu tun habe.[1])

Denn gäbe es eine solche Funktion von genau $m$tem Grad (m größer als Null, aber kleiner oder höchstens gleich n), so könnte ich sie in genau m Linearfaktoren zerfällen. Ein solches Produkt kann aber natürlich nur für die m zur Bildung seiner Linearfaktoren benutzten Werte verschwinden. Es muß also eine Funktion nullten Grades, also eine Konstante vorgelegen haben. Da diese aber für einzelne Werte der Variablen x verschwindet, andererseits aber für alle Werte von x denselben Wert annimmt, so muß sie eben die Null sein, wie im Zusatz angegeben.

§ 4. Algebraische und transzendente Funktionen. Unter einer *algebraischen Kurve* wollten wir das geometrische Bild einer algebraischen Funktion verstehen. Ihre Gleichung ist von der Form $f(x, y) = 0$, und dabei ist $f(x, y)$ eine ganze rationale Funktion von x und y. Sie entsteht durch Addition von lauter Gliedern der Form $a\,x^l y^m$. Die Exponenten l und m sind hier irgendwelche ganze positive Zahlen. Die größte bei den einzelnen Gliedern einer ganzen rationalen Funktion vorkommende Exponentensumme $l + m$ heißt nach S. 3 die Ordnung der Funktion. Das geometrische Bild einer algebraischen Funktion, die einer solchen Gleichung $n$ter Ordnung genügt, heißt *algebraische Kurve $n$ter Ordnung*. Wir werden jetzt den *Satz* beweisen: *Eine jede algebraische Kurve $n$ter Ordnung wird von einer jeden ihr nicht vollständig angehörigen Geraden in höchstens n Punkten geschnitten.* Es sei nämlich $\alpha x + \beta y + \gamma = 0$ die Gleichung einer geraden Linie, die ich mit der Kurve $f(x, y) = 0$ zum Schnitt bringen will. Das kann man so machen, daß man aus der Gleichung der Geraden sich x oder y ausrechnet und den gefundenen Ausdruck in die Gleichung der Kurve $n$ter Ordnung einträgt. Habe ich etwa y der Gleichung der Geraden entnommen, so finde ich also für die Abszissen der Schnittpunkte die Gleichung $f\left(x, \frac{-\alpha x - \gamma}{\beta}\right) = 0$. Das ist aber jedenfalls eine Gleichung höchstens vom $n$ten Grad, wie man ohne weiteres sieht, wenn man sich das Aussehen der einzelnen Glieder der ganzen rationalen Funktion $n$ter Ordnung vergegenwärtigt. Ein jedes wird nach Einsetzen des Wertes $y = \frac{-\alpha x - \gamma}{\beta}$ höchstens vom $n$ten Grad in x. Wenn ich ferner die einzelnen Glieder der ganzen rationalen

---

1) Diese fällt ja auch unter unsere auf S. 1 gegebene Funktionsdefinition. Es ist eben *jedem* Wert von x der Wert $y = 0$ zugeordnet.

Funktion nach Potenzen von x geordnet habe und sie alle zusammenzähle, so kann der Fall eintreten, daß sich einzelne Potenzen von x herausheben. Daher ist der Schlußausdruck *höchstens* vom $n$ten Grade. Nach den in § 3 für algebraische Gleichungen $n$ten Grades gewonnenen Ergebnissen hat diese Gleichung, wofern ihre linke Seite nicht identisch verschwindet, höchstens n Wurzeln (die reell oder imaginär sein können, jedenfalls also auch höchstens n reelle Wurzeln). Das sind die Abszissen der Schnittpunkte. Der Gleichung der Geraden entnehme ich dann ohne weiteres die zugehörigen Ordinaten der Schnittpunkte. Verschwindet aber $f\left(\frac{-\alpha x-\gamma}{\beta}\right)$ identisch, so bedeutet dies, daß die Gerade der Kurve völlig angehört. Ein Beispiel für dies Vorkommnis ist die in die beiden Geraden $x - y = 0$ und $x + y = 0$ zerfallende „Hyperbel" $y^2 - x^2 = 0$. So erhalte ich das im obigen Satz ausgesprochene Ergebnis, das ich damit bewiesen habe.

Dieser Satz ist häufig ein bequemes Kriterium für transzendente Kurven. Liegt mir nämlich eine Kurve vor und kenne ich irgendeine Gerade, welche die Kurve nicht in endlich vielen Punkten schneidet, aber auch nicht in ihrem ganzen Verlauf der Kurve als Bestandteil angehört, so kann ich mit Sicherheit sagen, daß die Kurve nicht algebraisch sein kann. Das trifft z. B. für die Funktion $y = \sin x$ zu. Denn ihr geometrisches Bild besteht aus lauter Wellen von der Länge 2π und der Amplitude ± 1 (Fig. 4). Der Leser sieht ohne weiteres, daß z. B. die Gerade $y = \frac{1}{2}$ in unendlich vielen Punkten schneidet; diese haben die Abszissen $\frac{\pi}{6} + 2h\pi$ oder $\frac{5\pi}{6} + 2h\pi$ (h eine positive oder negative ganze Zahl). Für alle diese Winkel ist ja der Sinus gleich ein Halb. Ebenso erkennt man im Kosinus, im Tangens, im Kotangens transzendente Funktionen; ebenso ist die Zykloide von § 2 eine transzendente Kurve.

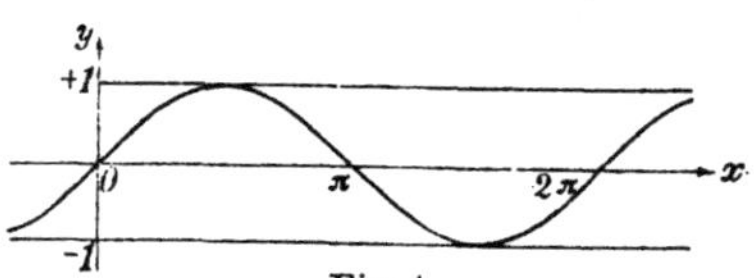

Fig. 4.

Ausdrücklich sei der Leser noch darauf hingewiesen, daß das Kriterium nicht umgekehrt werden darf. Es kann eine Kurve sehr wohl transzendent sein, obwohl sie von jeder Geraden nur in einem oder allgemein nur in endlich vielen Punkten geschnitten wird. Um das ungefähr klar zu legen, mag der Hinweis genügen, daß wir ja in unserer Zeichnung nur die reellen Schnittpunkte sehen können; das können endlich viele sein, und trotzdem kann — wie der Leser wohl ohne weiteres glaubt — der Fall eintreten, daß unendlich viele imaginäre Schnittpunkte vorhanden sind. In der Exponentialfunktion liegt

z. B. eine solche Funktion vor, wie wir hier nicht näher ausführen können.[1])

§ 5. Funktionen, die nicht als analytische Ausdrücke gegeben sind. Streng genommen ist schon die auf der ersten Seite angegebene Funktion $y = \sin x$ nicht durch einen analytischen Ausdruck gegeben, in den wir nur die Werte des Winkels einzusetzen hätten, um den Wert seines Sinus zu finden. Solche analytischen Ausdrücke — allerdings auch nur in etwas übertragener Bedeutung, in der Gestalt unendlicher Reihen — werden wir erst viel später kennen lernen. Vorläufig ist der durch die Bezeichnung $y = \sin x$ gemeinte gesetzmäßige Zusammenhang durch eine geometrische Vorschrift gegeben: Verhältnis einer Kathete zur Hypotenuse im rechtwinkligen Dreieck. Auch kennt der Leser Tafeln, aus welchen man für die meist gebrauchten Werte des Winkels den Sinus angenähert entnehmen kann. Man kann die Zahlen dieser Tafeln direkt als Definition einer Sinus genannten Funktion ansehen, die dann annähernd die Eigenschaften der gleichbenannten trigonometrischen Funktion hat, angenähert, nicht genau, weil ja in der Tafel nur angenäherte, praktisch ausreichende Werte stehen. Nicht viel anders ist die Sache beim Logarithmus. Statt der Tafel kann man sich auch einer genügend genauen Zeichnung des Funktionsverlaufes bedienen, aus welcher man dann, wie in der Tafel, durch *Interpolieren* die ungefähren Werte der Funktion auch für nicht in der Tafel stehende Winkel entnehmen kann.

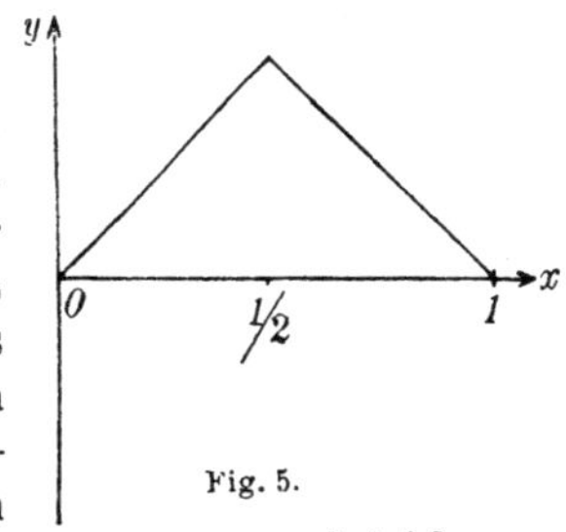

Fig. 5.

Bemerkung: Kriterien für die damit erreichte Genauigkeit werden wir später kennen lernen, sowie auch Genaueres über das Interpolieren selbst (S. 99ff.).

Diese Beispiele mögen es dem Leser nahe legen, daß die *Zeichnung oder die Tafel* neben den analytischen Ausdrücken bequeme Methoden sind, Funktionen zu definieren. Sie führen uns auch recht eigentlich die große Mannigfaltigkeit von Vorkommnissen vor Augen, welche die zwei Zeilen in sich bergen, durch die wir auf der S. 1 den Funktionsbegriff definiert haben. Der verblüffend reiche Inhalt dieser Definition wird uns noch oft überraschen. Nur ein paar *Beispiele* seien noch angeführt: Man kann zur Definition einer Funktion mehrere analytische Ausdrücke nötig haben. So sei z. B. für $0 \leqq x \leqq \frac{1}{2} : y = x$ und für

1) Dazu vergleiche man meinen Leitfaden der Funktionentheorie. (Teubners techn. Leitfäden Bd. 14.)

$\frac{1}{2} \leqq x \leqq 1 : y = 1 - x$. In der graphischen Darstellung würde dem die Kurve der vorstehenden Fig. 5 entsprechen.

Erklärung: Das Zeichen $<$ wird gesprochen kleiner als: $a < b$ bedeutet also, daß die Zahl a kleiner ist als die Zahl b. Analog bedeutet $>$ größer als. Mit $a \leqq b$ meinen wir, daß die Zahl a kleiner oder gleich b sein kann. Die Zahlen also, für die $a \leqq x \leqq b$ ist, bilden die Gesamtheit aller Zahlen zwischen a und b, diese beiden Zahlen mit eingerechnet. Man sagt, sie bilden das *abgeschlossene Intervall* zwischen a und b — abgeschlossen, weil Anfang und Ende, nämlich die Zahlen a und b mitgerechnet sind. Auch die Gesamtheit aller Zahlen $a < x < b$ bilden ein Intervall. Das sind alle Zahlen zwischen a und b, diese beiden selbst nicht mit eingerechnet. Man nennt das ein *nichtabgeschlossenes oder ein offenes Intervall.* In $a \leqq x < b$ oder $a < x \leqq b$ liegen weitere Sorten von offenen Intervallen vor, bei welchen nur der eine der beiden Endpunkte mit inbegriffen gedacht ist.

Zum Schluß noch ein letztes Beispiel, das eigentlich schon in die Betrachtungen des folgenden Kapitels hinübergreift. Für alle rationalen Werte von x sei $y = f(x)$ gleich Null, für alle irrationalen Werte von x dagegen habe y den Wert Eins. Bedenkt der Leser, daß man in der nächsten Nähe eines jeden Punktes der x-Achse solche mit rationaler und solche mit irrationaler Abszisse finden kann, so wird es einleuchten, wie merkwürdig die Funktion ist, mit der wir es in diesem Beispiel zu tun haben.

Bemerkung: Wenn wir so von Funktionen reden, die nicht als analytische Ausdrücke *gegeben* sind, so soll natürlich damit nicht gesagt sein, daß es nicht irgendwie möglich ist, nachträglich analytische Ausdrücke zu *finden*, welche die Funktionen darstellen. Methoden, die das erlauben, werden wir in großer Zahl kennen lernen. Für die in diesem Paragraphen angegebenen Funktionsbeispiele lassen sich, wie noch angefügt sei, durchweg solche analytischen Ausdrücke finden, wofern man den Begriff „analytischer Ausdruck" nur erst in genügender Allgemeinheit erklärt hat.

II. Der Zahlbegriff.

Es ist nicht meine Absicht, in diesem Kapitel eine bis ins einzelne durchgeführte Theorie der Irrationalzahlen zu entwickeln. Es sollen vielmehr die Betrachtungen über Dinge, welche dem Leser wenigstens als Handwerkszeug vertraut sind, hinüberleiten zum Verständnis der grundlegenden Gedanken, auf welchen letzten Endes die ganze Differential- und Integralrechnung beruht.

§ 1. Vorbereitung. Das Rechnen mit reellen Zahlen[1]), d.h. also mit ganzen Zahlen, mit gewöhnlichen Brüchen, mit endlichen und unendlichen Dezimalbrüchen und diese selbst nehmen wir als bekannt und geläufig an. Wir verfolgen indessen die Absicht, die Kenntnisse des Lesers in diesem Kapitel etwas zu vertiefen und zu erweitern und dasjenige besonders hervorzuheben, was für das Folgende von entscheidender Wichtigkeit ist. Zunächst wollen wir die Regeln zusammenstellen, nach welchen das Rechnen erfolgt. Es sind die Regeln, nach welchen jedes Kind rechnen lernt, und die als gemeinsamer Zug allen Zahlenrechnens dem Schüler beim Erlernen des Buchstabenrechens zur Kenntnis gebracht werden. Woher uns die Gewißheit kommt, daß ein Rechnen nach diesen Regeln nie zu Fehlern führen kann, darüber wollen wir, wie gesagt, Betrachtungen nicht anstellen, zumal sich bis heute auch die Gelehrten noch nicht in jeder Richtung über derartige mit den Grundlagen der Arithmetik zusammenhängende Fragen einig sind.

Sind also a, b, c irgendwelche reellen Zahlen, so gelten die folgenden Rechenregeln, die wir als die Grundsätze oder die Axiome der Arithmetik bezeichnen wollen. Unter einem *Axiom* verstehen wir dabei einen Satz, den wir nicht weiter beweisen wollen, sondern den wir allen weiteren Beweisen und Erörterungen als Fundament zugrunde legen. Es ist ja ohne weiteres klar, daß jedes Wissensgebiet ein solches Fundament besitzen muß. Die *Axiome der Arithmetik* aber sind im wesentlichen die folgenden:

1. $a + b$ ist eine eindeutig bestimmte Zahl.	1. ab ist eine eindeutig bestimmte Zahl.
2. $a + b = b + a$ kommutatives Gesetz der Addition.	2. $ab = ba$ kommutatives Gesetz der Multiplikation.
3. $(a + b) + c = a + (b + c)$ assoziatives Gesetz der Addition.	3. $(ab)c = a(bc)$ assoziatives Gesetz der Multiplikation.

4. $a(b + c) = ab + ac$ distributives Gesetz.

5. Die Gleichung $p + x = q$ besitzt stets genau eine Lösung.	5. Wenn $p \neq 0$, so besitzt die Gleichung $px = q$ stets genau eine Lösung.
6. Es gibt eine Zahl 0, so daß stets $p + 0 = p$.	6. Es gibt eine Zahl 1, so daß stets $p \cdot 1 = p$.

7. Von den drei Beziehungen $a = b$, $a > b$, $a < b$ besteht stets genau eine. Insbesondere ist $a = a$. Aus $a = b$ und $b = c$ folgt $a = c$.

---

1) Imaginäre (komplexe) Zahlen $a + ib$, wo $i = \sqrt{-1}$ gehen uns vorerst gar nichts an.

8. Aus $a = b$ folgt $b = a$; aus $a > b$ folgt $b < a$; aus $a < b$ folgt $b > a$.
9. Aus $a > b$, $b > c$ folgt $a > c$.[1])
10. Es gibt mindestens 2 Zahlen, für welche die Relation $a > b$ besteht.
11. Aus $a > b$ folgt $a + c > b + c$. Gesetz der Monotonie bei der Addition.

10. Aus $a > b$ folgt entweder $ac > bc$, wenn c positiv, oder $ac < bc$, wenn c negativ, oder $0 = ac = bc$, wenn $c = 0$ ist. Monotoniegesetz der Multplikiation.

Bemerkung: Der Leser, welcher hier die Regeln für Subtraktion oder Division vermißt, sei darauf hingewiesen, daß die Subtraktion einer Zahl als Addition der entsprechenden Zahl von anderem Vorzeichen, und daß die Division durch eine Zahl als Multiplikation mit der reziproken Zahl definiert wird.

Bevor wir nun weitergehen, wollen wir gleich im Hinblick auf oft zu machende Anwendungen, die *Hauptregeln für das Rechnen mit den Zeichen* $>$ *und* $<$ zusammenstellen. Diese Regeln folgen zwar alle aus den obigen Axiomen. Wir tun aber trotzdem gut daran, sie uns einmal zusammenzustellen. Zunächst lassen sich die Axiome Nr. 11 ohne weiteres umkehren. Aus $a + c > b + c$ folgt nämlich sofort $a > b$. Denn das Axiom 11 besagt doch, daß eine *Ungleichung* — so nennt man nämlich eine Beziehung von der Form $\alpha > \beta$ oder von der Form $\alpha < \beta$ — daß also eine Ungleichung richtig bleibt, wenn man auf beiden Seiten dieselbe Zahl (dort wars c) addiert oder subtrahiert. Wenden wir diese Regeln auf $a + c > b + c$ an, addieren also auf beiden Seiten $-c$ oder subtrahieren c, so erhalten wir $a > b$. Das Axiom 11 gilt nach 8. auch für das Zeichen $<$. Aus $a < b$ folgt $a + c < b + c$. Dieselben Betrachtungen knüpfen sich an das Monotoniegesetz der Multiplikation. Aus $ac > bc$ folgt $a > b$, wenn c positiv ist. Es folgt aber $a < b$, wenn c negativ ist. (Aus $ac = bc = 0$ folgt natürlich nichts darüber, welche der beiden Zahlen a oder b die größere ist.) Die in den Monotoniegesetzen ausgesprochenen Regeln lassen sich noch erweitern. Aus $a > b$ und $c > d$ folgt nämlich durch zweimalige Anwendung von 11. $a + c > b + d$. Ebenso folgt aus $a > b$ und $c > d$, daß auch $ac > bd$, wofern alle vorkommenden Zahlen das positive Vorzeichen haben. Endlich noch eine Bemerkung über das Dividieren: Wenn $m > 1$, so ist $\frac{1}{m} < 1$ und umgekehrt, wenn $0 < m < 1$, so ist $\frac{1}{m} > 1$. (Aus $m < 0$ folgt natürlich nicht $\frac{1}{m} > 1$.) Ferner folgt aus

1) Siehe die Erklärung dieser Zeichen auf S. 12.

$a > b$ und $c > d > 0$, daß $\frac{a}{d} > \frac{b}{c}$. Der Leser wird alle diese Behauptungen leicht aus den Monotoniegesetzen folgern. Er wird sich auch leicht ihren Sinn an Hand der *Zahlengeraden*, die wir gleich einführen werden, anschaulich klar machen.

Wir wollen uns nun im Rest dieses Paragraphen mit einer Frage befassen, die uns näher an den eigentlichen Gegenstand dieses Kapitels heranführen soll, nämlich mit der Frage, ob die rationalen Zahlen für alle die Zwecke ausreichen, für die wir Zahlen verwenden möchten. Wir werden sehen, daß dies nicht der Fall ist.

Rational heißen bekanntlich die positiven und die negativen ganzen Zahlen, die Null und die Brüche $\frac{n}{m}$ mit ganzzahligem Zähler und Nenner.

Wir wollen uns mit der Aufgabe befassen, Strecken durch eine gegebene Längeneinheit zu messen. Wir können uns die zu messende Strecke und die Längeneinheit von ein und demselben Punkt aus auf einer Geraden aufgetragen denken. Auf dieser Geraden wollen wir uns nun gleich einen Maßstab einrichten unter Zugrundelegung der gegebenen Längeneinheit. Diesen Maßstab wollen wir *Zahlengerade* nennen. Sie wird uns ein geometrisches Bild der gegenseitigen Größenbeziehung der verschiedenen Zahlen geben. Im Grunde haben wir auch die Zahlengerade im vorigen Kapitel in der Abszissenachse und der Ordinatenachse der Koordinatensysteme verwendet. Sie wird uns jetzt von steigender Wichtigkeit werden. Wir wählen irgendeinen festen Punkt der Geraden aus. An jeden Punkt der Geraden wollen wir dann als seine Abszisse die Maßzahl seines Abstandes von dem festen Punkt aus anschreiben, soweit das eben unter bloßer Verwendung der rationalen Zahlen möglich ist. Der feste Punkt selbst bekommt so die Abszisse Null. Und die beiden Seiten dieses Punktes auf der Geraden unterscheiden zu können, tragen wir in bekannter Weise nach rechts die positiven, nach links die negativen Zahlen auf. Betrachten wir nun irgend zwei Zahlen a und b, und sei etwa $a < b$, so liegt der Punkt mit der Abszisse a (wir nennen ihn wieder kurz den Punkt a) links vom Punkt b, und umgekehrt hat jeder rechts von a gelegene Punkt eine größere Abszisse als a. Damit haben wir die geometrische Bedeutung der Beziehung größer und kleiner in unserer geometrischen Deutung der Zahlen. Größer bedeutet soviel als „rechts von" und kleiner bedeutet „links von".

Auf der Zahlengeraden werden wir so ohne weiteres zu allen rationalen Zahlen zugehörige Punkte bekommen — die *rationalen Punkte* oder Punkte mit rationaler Abszisse. Bekommt nun aber jeder Punkt unserer Geraden eine rationale Abszisse, oder gibt es Punkte, die keine rationale Abszisse besitzen? Von vornherein ist klar, daß ein jeder Punkt durch seine Abszisse bestimmt ist, und daß wir die Lage eines jeden Punktes unserer Geraden mit beliebiger Genauigkeit durch die Angabe passender Punkte mit rationaler Abszisse festlegen können. Das kann z. B. so geschehen: Sei irgendein Punkt gegeben. Dann wird er entweder eine ganzzahlige Abszisse haben, und ich kenne seine Abszisse mit absoluter Genauigkeit. Oder aber er liegt zwischen zwei Punkten mit ganzzahliger Abszisse, etwa a und $a+1$. Dann teile ich dies Intervall in 10 (oder irgendeine andere Zahl) gleiche Teile. So bekomme ich Punkte mit den Abszissen a, $a+\frac{1}{10}$, $a+\frac{2}{10}$ usw. Entweder fällt der gegebene Punkt mit einem dieser zusammen, dann kenne ich wieder seine Abszisse absolut genau, oder aber er liegt zwischen zwei aufeinander folgenden der angegebenen Punkte; dann kenne ich seine Lage auf ein Zehntel der Längeneinheit genau. Teile ich dann dies Zehntelintervall, in dem er liegt, wieder in 10 gleiche Teile, so finde ich entweder jetzt die Abszisse absolut genau, oder aber ich kenne doch dann die Lage des Punktes auf ein Hundertstel genau. So fortfahrend kann ich die Lage des Punktes durch Angabe passender Punkte mit rationaler Abszisse mit jeder gewünschten Genauigkeit festlegen. Aber ich kann sicher nicht die Abszisse eines jeden Punktes absolut genau auf diese Weise angeben, z. B. nicht die Abszisse $\frac{1}{3}$. Denn der Leser weiß von den unendlichen Dezimalbrüchen her, daß $\frac{1}{3}$ keinem endlichen Dezimalbruch gleich ist. Denn $\frac{1}{3}$ liegt zwischen Null und Eins, zwischen $\frac{3}{10}$ und $\frac{4}{10}$, zwischen $\frac{33}{100}$ und $\frac{34}{100}$ usw. Aber wenigstens hat dieser Punkt eine bestimmte rationale Abszisse.

Wir erkennen jedenfalls aus dieser Betrachtung, daß wir mit den rationalen Zahlen vollkommen ausreichen, solange wir nur die praktische Aufgabe verfolgen, jeden Punkt durch eine Abszisse genau genug festzulegen, — d. h. so genau, wie es gerade unseren Bedürfnissen entspricht. Dabei ist im allgemeinen jede einmal erreichte Genauigkeit verbesserungsfähig. Es kann sein, daß andere Aufgaben eine erhöhte Genauigkeit verlangen. Aber immer reichen in praxi die rationalen Zahlen aus. Anders wird die Sache, wenn wir die Abszissen *absolut genau* bestimmen wollen. Diesem Fragenkreis wenden wir uns nun zu.

Wir wollen uns zunächst davon überzeugen, daß es *auf der Geraden auch Punkte gibt, die keine rationale Abszisse haben,* welchen wir also auf dem bis jetzt festgehaltenen Weg keine Abszisse zuerteilen können. Wir konstruieren ein gleichschenkligrechtwinkliges Dreieck von der Kathetenlänge Eins und tragen seine Hypotenuse ($\sqrt{2}$) auf unserer Geraden von Null nach rechts ab. So erhalten wir einen Punkt, der, wie ich zeigen werde, keine rationale Abszisse besitzt.

Bewiesen haben wir bis jetzt diesen *Satz*: *Die Punkte mit rationaler Abszisse liegen überall dicht,* d. h. in jeder Teilstrecke unserer Geraden oder, was dasselbe ist, in beliebiger Nähe eines jeden Punktes derselben lassen sich Punkte mit rationaler Abszisse angeben.

Beweisen wollen wir jetzt am angegebenen Beispiel, daß *zwischen den Punkten mit rationaler Abszisse doch noch Lücken bleiben,* daß z. B. der eben erwähnte Endpunkt der Hypotenuse eines gleichschenklig-rechtwinkligen Dreiecks von der Kathetenlänge Eins in eine solche Lücke fällt (obwohl in nächster Nähe Punkte rationaler Abszisse liegen). Wir haben nur zu zeigen, daß es keine positive rationale Zahl gibt, deren Quadrat gleich 2 ist.

Im Gegensatz zu der Behauptung nehme ich an, es gäbe ein Paar ganzer positiver Zahlen t und u, für das $2 = \frac{t^2}{u^2}$. Hier darf man sicher annehmen, daß t und u teilerfremd sind. Wäre nun also $t^2 = 2u^2$, so müßte t^2, also t gerade sein. Daher wäre die linke Seite durch 4 teilbar, und daher muß u gerade sein. t und u wären also gegen die Annahme nicht teilerfremd. Unsere Annahme, daß 2 das Quadrat einer rationalen Zahl sei, hat uns so auf einen Widerspruch geführt. Sie ist also nicht richtig. *Es gibt also keine rationale Zahl, deren Quadrat gleich* 2 *ist.* Damit haben wir erkannt, daß die rationalen Zahlen nicht ausreichen, um jedem Punkt einer Geraden eine Abszisse geben zu können. Wollen wir dies doch erreichen, so werden wir uns nach anderen Zahlbildungen umsehen müssen. Der Leser weiß, daß man dazu die *irrationalen* (d. h. nicht rationalen) Zahlen — unendliche Dezimalbrüche — verwendet. Bevor wir näher darauf eingehen, schicken wir im nächsten Paragraphen einige Betrachtungen über mehrere wichtige Begriffsbildungen voraus. Diese werden dann bald und von dann an fortwährend Anwendung finden.

§ 2. Der Grenzbegriff. Definition: Es sei eine unendliche Menge von (reellen) Zahlen $a_1, a_2, \ldots$ gegeben. Dieselben sollen sich unbegrenzt einer Zahl A nähern, d. h. von einer gewissen Nummer $N(\varepsilon)$[1] an sollen alle Zahlen der Folge um weniger als eine beliebig vorgegebene positive Zahl ε von A abweichen. Dann schreibe ich $A = \lim\limits_{n \to \infty} a_n$ und lese: A ist der Limes von a_n für n gegen ∞. (∞ = unendlich.)

Wir wollen den Sinn dieser Festsetzung noch etwas ausführlicher darlegen. Ich habe erstens die unendliche Zahlenfolge a_1, $a_2, \ldots$ Ich gebe eine positive Zahl ε (etwa $\frac{1}{10}$) an. Dann sollen von einer gewissen Nummer $N(\varepsilon)$, meinetwegen von 100 an, alle Zahlen $a_{100}, a_{101}, \ldots$ um weniger als ε (also hier $\frac{1}{10}$) von A verschie-

1) Da die Nummer von ε abhängt, ist sie eine Funktion von ε und wurde dementsprechend mit $N(\varepsilon)$ bezeichnet.

den sein. Das soll aber nicht nur für dies eine ε gelten, sondern für jedes beliebige. Also sollen z. B. auch von einer gewissen Nummer an, etwa von 755 an, alle $a_{755}, a_{756}, \ldots$ um weniger als $\frac{1}{100}$ von A verschieden sein. Allgemein soll sich zu jeder positiven Zahl ε eine Nummer $N(\varepsilon)$ so bestimmen lassen, daß von der Nummer $n = N(\varepsilon)$ an alle a_n um weniger als ε von A verschieden sind. Dann schreibe ich für diesen Sachverhalt kurz $A = \lim\limits_{n \to \infty} a_n$. Etwas weniger präzis, aber vielleicht etwas anschaulicher, kann ich den Sachverhalt dahin bezeichnen, daß ich sage, die Zahlen meiner Folge nähern sich unbegrenzt der Zahl A. Der präzise Sinn dieser populären Ausdrucksweise ist durch die obige Definition festgelegt.

Beispiel: 1. $\lim\limits_{n \to \infty} \frac{1}{n} = 0$. Denn für jedes $n > \frac{1}{\varepsilon}$ ist $\frac{1}{n} < \varepsilon$, ganz einerlei, wie ich $\varepsilon > 0$ vorgebe.

2. $\lim\limits_{n \to \infty} \frac{1}{n^2} = 0$. Denn für jedes $n > \frac{1}{\sqrt{\varepsilon}}$ ist $\frac{1}{n^2} < \varepsilon$.

Wir fassen das über den Grenzbegriff Gesagte noch in Zeichen zusammen: Wir schreiben $A = \lim\limits_{n \to \infty} a_n$, falls sich zu dem vorgegebenen positiven ε eine Zahl $N(\varepsilon)$ bestimmen läßt, derart, daß $|A - a_n| < \varepsilon$ bleibt, sobald nur $n > N(\varepsilon)$ ist. Häufig bedient man sich auch kurz der folgenden Ausdrucksweise: Wenn für beliebig gewähltes $\varepsilon > 0$ und alle *genügend großen* n die Ungleichung

$$|A - a_n| < \varepsilon$$

gilt, dann ist

$$A = \lim_{n \to \infty} a_n.$$

Erklärung: Unter $|B|$ verstehen wir entweder die Zahl B selbst, wenn sie positiv ist, oder aber die Zahl $-B$, wenn B negativ ist, $|A - a_n| < \varepsilon$ heißt also, daß a_n zwischen $A - \varepsilon$ und $A + \varepsilon$ liegt, oder in Zeichen, daß $A - \varepsilon < a_n < A + \varepsilon$. Man nennt $|B|$ den *absoluten Betrag* von B. Grenze ich also um die Zahl A irgendein Intervall ab, in dessen Innerem A liegt, so gehören von einer gewissen Nummer N an alle Zahlen der Folge diesem Intervall an, und dies gilt für jedes Intervall, das ich um A abgrenze. (Das ist oben in Zeichen zunächst nur ausgesprochen für Intervalle, die nach beiden Seiten gleich weit, nämlich um ε, von A sich entfernen, folgt aber daraus sofort für beliebige um A abgegrenzte Intervalle).

Wenn ich ein Intervall um A abgrenze, so liegen in diesem alle Zahlen a_n der Folge von einer gewissen Nummer an. Statt dessen kann ich auch sagen, daß alle Zahlen der Folge mit Ausnahme von endlich vielen im Intervall liegen. Denn offenbar liegen nur endlich viele außerhalb des Intervalles, wenn sie vom

Nten an darin liegen, nämlich einige der $N-1$ ersten oder alle. Wenn umgekehrt alle bis auf endlich viele dem Intervall angehören, so kann ich mir die Nummern, für die das nicht so ist, merken. Darunter gibt es eine größte Nummer. Von der folgenden Nummer an liegen alle a_n im Intervall. Statt nun zu sagen: „Alle Dinge einer Menge oder alle Zahlen einer Folge bis auf endlich viele haben eine bestimmte Eigenschaft", wollen wir fortan sagen: *„Fast alle Dinge"* oder *„fast alle Zahlen"* der Folge haben diese Eigenschaft." *„Fast alle" heißt also „alle bis auf endlich viele"*.

Unter Benutzung dieser Ausdrucksweise *können wir die Aussage* $\lim\limits_{n\to\infty} a_n = A$ *auch dahin erklären, daß einem jeden um A abgegrenzten Intervall fast alle Zahlen a_n der Folge angehören sollen.*

A heißt der *Grenzwert* der Zahlenfolge $a_1, a_2, \ldots$ Es ist ohne weiteres klar, daß eine Zahlenfolge nicht zwei verschiedene Grenzwerte haben kann. Es kann also nur für eine einzige Zahl A die Beziehung $A = \lim\limits_{n\to\infty} a_n$ gelten. Denn seien andernfalls A und B zwei verschiedene solche Zahlen. Dann grenze ich um A und B Intervalle ab, welche keinen Punkt gemeinsam haben. Einem jeden müßten fast alle Zahlen der Folge angehören. Das geht aber nicht. Denn wenn in dem Intervall um A alle bis auf endlich viele liegen, so können eben in dem Intervall um B nur einige von diesen endlich vielen sich befinden. Mit der Feststellung, daß eine jede Zahlenfolge nur höchstens einen Grenzwert haben kann, ist natürlich *nicht* behauptet, *daß wirklich jede beliebige Zahlenfolge einen Grenzwert besitzt.* Das ist in der Tat auch gar nicht der Fall. *Es gibt Zahlenfolgen ohne Grenzwert.* Setze ich etwa für alle geraden Nummern $n (n = 2m)$ das $a_{2m} = \frac{1}{m}$, für alle ungeraden $n (n = 2m + 1)$ aber $a_{2m+1} = 1 - \frac{1}{m}$, so kann es ersichtlich kein Intervall von der Länge $\frac{1}{4}$ geben, in dem fast alle diese Zahlen liegen. Denn enthält ein solches Intervall von der Länge $\frac{1}{4}$ irgendeinen Punkt der Folge, so kann ich sofort unendlich viele Zahlen der Folge angeben, die von dieser um mehr als $\frac{1}{4}$ verschieden sind, aus dem einfachen Grund, weil es beliebig nahe bei Null sowohl wie bei 1 unendlich viele Zahlen der Folge gibt. Daher kann die Folge keinen Grenzwert besitzen. Denn wenn ich um diesen ein Intervall von der Länge $\frac{1}{4}$ abgrenzte, so müßten diesem fast alle Punkte der Folge angehören. Wie wir einer Zahlenfolge ansehen können, ob sie einen Grenzwert besitzt oder nicht, wird uns im nächsten Kapitel sehr eingehend beschäftigen.

Hier wollen wir uns damit begnügen, noch ein paar Regeln anzugeben, die vielfach die Berechnung von Grenzwerten erleichtern.

1. Der Grenzwert einer Summe existiert, wenn die Summanden Grenzwerte besitzen und ist gleich der Summe der Grenzwerte der Summanden. In Zeichen: $\lim\limits_{n\to\infty}(a_n + b_n) = \lim\limits_{n\to\infty} a_n + \lim\limits_{n\to\infty} b_n$. Ich setze zum Beweise $\lim\limits_{n\to\infty} a_n = A$ und $\lim\limits_{n\to\infty} b_n = B$. Dann gibt es eine Zahl $N_1\left(\frac{\varepsilon}{2}\right)$, so daß $|A - a_n| < \frac{\varepsilon}{2}$, sobald $n > N_1\left(\frac{\varepsilon}{2}\right)$, und es gibt eine Zahl $N_2\left(\frac{\varepsilon}{2}\right)$, so daß $|B - b_n| < \frac{\varepsilon}{2}$, sobald $n > N_2$.

Sei nun $N(\varepsilon)$ eine Zahl, die sowohl größer ist als N_1 als auch größer ist als N_2. Dann gelten für alle $n > N(\varepsilon)$ die beiden Ungleichungen: $|A - a_n| < \frac{\varepsilon}{2}$, $|B - b_n| < \frac{\varepsilon}{2}$. Beachten wir nun, daß der absolute Betrag einer Summe höchstens der Summe der absoluten Beträge der Summanden gleich ist: $(|a + b| \leqq |a| + |b|)$[1]), so finden wir $|A + B - (a_n + b_n)| \leqq |A - a_n| + |B - b_n| < \varepsilon$ für $n > N(\varepsilon)$. Da dies aber für jedes $\varepsilon > 0$ so ist, so folgt $A + B = \lim\limits_{n\to\infty}(a_n + b_n)$.

Diese Überlegung lehrt auch, daß $A - B = \lim\limits_{n\to\infty}(a_n - b_n)$. Das kann man auch daraus schließen, daß $\lim\limits_{n\to\infty}(-b_n) = -\lim\limits_{n\to\infty} b_n$, wie ohne weiteres einleuchtet. Den hier für zwei Summanden ausgeführten Schluß kann man auch auf drei und mehr Summanden in der gleichen Weise übertragen; oder man kann auch durch mehrmalige Anwendung des Schlusses bei zwei Summanden finden, daß für beliebig viele Summanden gilt

$$\lim_{n\to\infty}(a_n + b_n + \cdots + k_n) = A + B + \cdots + K.$$

Wir wollen uns aber gleich anmerken, daß wir dabei voraussetzen, daß wir es mit *endlich* vielen Summanden zu tun haben. Für unendlich viele gilt jedenfalls unser Schluß nicht. Auch das gewonnene Resultat ist für unendlich viele Summanden im allgemeinen nicht richtig, wie wir später sehen werden.)

2. Der Grenzwert eines Produktes existiert, wenn die Faktoren Grenzwerte besitzen und ist gleich dem Produkt der Einzel-

1) Wenn beide Summanden von gleichem Vorzeichen, etwa positiv, sind, so ist $|a + b| = a + b = |a| + |b|$. Wenn aber einer der Summanden negativ ist, so ist der absolute Betrag gleich der Differenz des Betrages der absolut größeren Zahl minus den Betrag der absolut kleineren, also jedenfalls kleiner als die Summe der absoluten Beträge. Ebenso schließt man, daß $|a + b| \geqq |a| - |b|$ und daß $|a + b| \geqq |b| - |a|$. Demnach ist sogar $|a + b| \geqq ||a| - |b||$. Ferner ist $|a \cdot b| = |a| \cdot |b|$ und $\left|\frac{a}{b}\right| = \frac{|a|}{|b|}$.

grenzwerte. Wir schließen ganz ähnlich wie vorhin, daß $AB = \lim\limits_{n \to \infty} (a_n \cdot b_n)$. Jedenfalls gilt nämlich $AB - a_n b_n = AB - a_n B + a_n B - a_n b_n$. Da die a_n den Grenzwert A haben, so liegen sie fast alle zwischen $A - 1$ und $A + 1$. Sie sind also fast alle dem absoluten Betrag noch kleiner als $|A| + 1$. Einen größeren Betrag können nur endlich viele der a_n haben. Unter diesen gibt es eines mit einem möglichst großen absoluten Betrag etwa M. Dann ist $M \geqq |A| + 1$, und ich sehe, daß es eine Zahl M gibt, so daß für *alle* a_n ohne Ausnahme $|a_n| \leqq M$. Nun bestimme ich wie oben eine Zahl $N(\varepsilon)$, so daß für alle $n > N(\varepsilon)$ erstens $|B|\,|A - a_n| < \frac{\varepsilon}{2}$[1]) und daß zweitens $|B - b_n| < \frac{\varepsilon}{2M}$. Dann finde ich aber $|B(A - a_n) + a_n(B - b_n)| < \frac{\varepsilon}{2} + |a_n| \cdot \frac{\varepsilon}{2M} < \frac{\varepsilon}{2} + M \cdot \frac{\varepsilon}{2M} = \varepsilon$. Trage ich dies oben ein, so habe ich $|AB - a_n b_n| < \varepsilon$, sobald $n > N(\varepsilon)$ ist.

3. Falls $B = \lim\limits_{n \to \infty} b_n$ von Null verschieden ist, gilt

$$\lim_{n \to \infty} \frac{a_n}{b_n} = \frac{\lim a_n}{\lim b_n} = \frac{A}{B}.$$

Das schließt man ganz ähnlich wie oben, wenn man die Differenz $\frac{A}{B} - \frac{a_n}{b_n}$ auf die folgende Form bringt:

$$\frac{A}{B} - \frac{a_n}{b_n} = \frac{1}{B} \cdot (A - a_n) + a_n \left(\frac{1}{B} - \frac{1}{b_n}\right)$$
$$= \frac{1}{B}(A - a_n) + a_n \frac{b_n - B}{b_n B}.$$

Ich bestimme eine Zahl $N(\varepsilon)$ so, daß für alle $n > N(\varepsilon)$ erstens $|b_n| > \frac{|B|}{2}$[2]), zweitens $|A - a_n| < \frac{\varepsilon}{2} |B|$ und daß drittens $|b_n - B| < \frac{\varepsilon}{4} \cdot \frac{|B|^2}{M}$. Dann geht alles wie in 2., wo auch schon die Bedeutung von M erklärt wurde.

Wir haben in diesem Paragraphen noch einen letzten Begriff zu erklären, nämlich den Begriff des *Häufungspunktes*. Wenn auf der Zahlengeraden eine Folge von Punkten $a_1, a_2, \ldots$ gegeben ist, so heißt P ein Häufungspunkt der Folge, wenn in *jedem*

---

1) Im Falle $B = 0$ gilt das für alle n. Ist $B = 0$, so kann man $N(\varepsilon)$ so bestimmen, daß $|A - a_n| < \frac{\varepsilon}{2|B|}$ für $n > N(\varepsilon)$.

2) Das geht, weil von einer gewissen Nummer an alle b_n um weniger als $\frac{|B|}{2}$ von B verschieden sind, und weil $B \neq 0$.

um P abgegrenzten Intervall unendlich viele Punkte der Folge liegen. Diese Eigenschaft besitzen 0 und 1 für das Beispiel von S. 19: Dort war $a_n = \frac{1}{m}$ für $n = 2m$ und $a_n = 1 - \frac{1}{m}$ für $n = 2m + 1$. Ein weiters Beispiel eines Häufungspunktes liegt im Grenzwert einer Zahlenfolge vor.

§ 3. Das Axiom der Intervallschachtelung. Wir gehen nun wieder zu der Frage zurück, die wir am Schlusse von § 1 verlassen haben. Zu dem Zweck wollen wir zunächst die Menge der rationalen Punkte einer Geraden mit der Menge aller ihrer Punkte vergleichen.

Wir beginnen mit der folgenden Bemerkung. Wie die rationalen Punkte, so liegen auch die zwischen ihnen bleibenden *Lücken überall dicht*[1]) (ohne daß sie jedoch eine Strecke restlos erfüllten). Das leuchtet ohne weiteres ein, wenn wir die schon oben benutzte Hypotenuse des gleichschenklig-rechtwinkligen Dreiecks mit der Kathetenlänge 1 (also $\sqrt{2}$) zur Einheitsstrecke machen und alle Punkte aufsuchen, die bei Zugrundelegung dieser neuen Einheitsstrecke rationale Abszissen bekommen. Diese Punkte liegen überall dicht, und keiner derselben fällt mit einem rationalen zusammen. Außer den so erhaltenen gibt es noch mehr Lücken zwischen den rationalen Zahlen. So ist z. B. $\sqrt{2} + 1$ eine derartige weitere Lücke. Wir wollen alle Punkte mit einer nicht rationalen Abszisse kurz die *irrationalen Punkte* nennen und nun versuchen, uns einen Überblick über ihre Gesamtheit zu verschaffen.

Dazu knüpfen wir daran an, daß wir schon in § 1 konstatierten, daß wir jeden Punkt der Geraden durch rationale Punkte mit jeder gewünschten Genauigkeit approximieren können. Wir wollen das nun in der folgenden Weise für unsere Zwecke noch etwas genauer fassen. Wenn irgendein Punkt P der Geraden gegeben ist, so können wir eine unbegrenzte Folge von (abgeschlossenen)[2]) Intervallen angeben, derart, daß jedes Intervall Teilintervall aller vorher namhaft gemachten ist, und daß sich diese Intervalle auf den Punkt P zusammenziehen. Ausführlicher: I_1 ist ein erstes Intervall von dem Punkt A_1 bis zum Punkt B_1. I_2 ist ein Teilintervall von I_1 und reicht von dem Punkt A_2 bis zum Punkt B_2 (Fig. 6). I_3 ist nun wieder in I_2 enthalten und hat Endpunkte A_3 und B_3. So fahren wir ewig weiter. Jedes Inter-

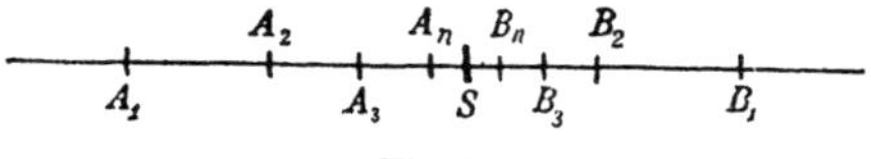

Fig. 6.

1) Vgl. S 17.

2) Wir verwenden weiterhin in § 3 und 4 nur abgeschlossene Intervalle. (Vgl. die Erklärung auf S. 12.)

vall, das wir neu konstruieren, ist in allen früher konstruierten enthalten. Der Punkt P gehört allen diesen Intervallen als innerer oder Randpunkt an. Die Intervalle sollen sich auf diesen Punkt zusammenziehen; was das heißen soll, muß noch etwas genauer gesagt werden. Es ist damit gemeint, daß der Grenzwert der Intervallängen Null sein soll[1]), so daß also die Intervalle mit wachsender Nummer den Punkt P immer enger umschließen. Er soll der *innerste Punkt* der Intervallfolge genannt werden. Ich fasse das Gesagte zusammen:

Definition: Eine Folge von abgeschlossenen Intervallen I_1, $I_2, \ldots$, derart, daß jedes Intervall in allen mit kleinerer Nummer enthalten ist, und daß der Grenzwert der Intervallängen Null ist[1]), heißt eine Intervallschachtelung.

Ein Beispiel wird dies klar machen. Wir wollen den Endpunkt unserer Hypotenuse ($\sqrt{2}$) auf die beschriebene Weise approximieren. Die geometrische Bedeutung der Strecke war diese: Sie ist die Seite eines Quadrates vom Inhalt 2. Wir müssen daher die vorderen Endpunkte der Intervalle, die wir zur Approximation verwenden wollen, so wählen, daß das Quadrat ihrer Abszisse kleiner ist als 2, und die hinteren Endpunkte so, daß das Quadrat der zugeordneten Zahl größer ist als 2. So finden wir z. B. folgende Intervalle, die wir brauchen können. I_1 von 1 bis 2, I_2 von 1,4 bis 1,5. I_3 von 1,41 bis 1,42, I_3 von 1,414 bis 1,415, I_4 von 1,4142 bis 1,4143 usw. (Wendet man das gewöhnliche Verfahren des Quadratwurzelausziehens auf $\sqrt{2}$ an, so findet man ohne weiteres nacheinander die Zahlen, die wir zu den vorderen Enden unserer Intervalle verwendet haben; die hinteren Enden bekommt man, indem man jeweils die letzte Ziffer des approximierenden endlichen Dezimalbruches um eine Einheit erhöht.) Man sieht, wie alle unsere Intervalle nicht länger sind als 1, wie sie vom zweiten an nicht länger sind als $\frac{1}{10}$, wie sie vom dritten an nicht länger sind als $\frac{1}{10^2}$, wie sie allgemein ihrer Entstehung nach vom $n$ten an nicht länger sind als $\frac{1}{10^{n-1}}$. Also ist der Grenzwert ihrer Längen Null. Da wir uns gleich auf einen etwas allgemeineren Standpunkt erheben wollen als in dieser Anknüpfung an Allerbekanntestes, so wollen wir bemerken, daß das natürlich nicht die einzige Weise ist, wie wir uns eine *unendliche Folge ineinandergeschachtelter Intervalle* verschaffen können, die sich auf irgendeinen Punkt zusammenziehen. Wir haben hier gerade die rationalen Zahlen verwendet, deren Nenner

---

1) Statt dessen kann man auch fordern, daß kein anderer Punkt als P allen Intervallen angehören soll.

eine Potenz von 10 ist. Zum ersten Intervalle verwendeten wir die ganzen Zahlen. Wir bestimmten ein Intervall, dessen Enden durch zwei aufeinanderfolgende ganze Zahlen gegeben sind. Alsdann gingen wir zu den Zahlen mit dem Nenner 10 über und verwendeten sie zur Konstruktion des zweiten Intervalles. Als Anfangspunkt war die letzte vor dem gegebenen Punkt gelegene dieser Zahlen zu nehmen, als Endpunkt die erste darauffolgende. Ebenso führten die Zahlen mit dem Nenner 100 zur Konstruktion des dritten Intervalles usw. Statt nun hier Zahlen zu nehmen, deren Nenner eine Potenz von 10 ist, können wir uns auch der Zahlen bedienen, deren Nenner eine Potenz von 2 oder 3 oder irgendeiner anderen Zahl sind. Bei $\sqrt{2}$ z. B. erhalten wir beim ersten Schritt ein Intervall (von 1 bis 2) von der Länge 1, beim zweiten ein Intervall von der Länge $\frac{1}{2}$ (von 1 bis $\frac{3}{2}$), beim dritten eines von der Länge $\frac{1}{4}$ (von $\frac{5}{4}$ bis $\frac{6}{4}$) usw. Das $(n+1)$te Intervall hat die Länge $\frac{1}{2^n}$, ist also kürzer als $\frac{1}{10^\lambda}$, falls $n > 4\lambda$. Denn es ist ja 10^λ kleiner als $2^{4\lambda}$ und dies kleiner als 2^n. Vom $(4\lambda + 1)$ten an sind also unsere Intervalle kleiner als $\frac{1}{10^\lambda}$. Sie ziehen sich also im oben beschriebenen Sinn auf den gegebenen Punkt zusammen, nur nicht mehr so rasch wie vorhin, als wir Potenzen von 10 im Nenner verwendeten. Ganz von selbst wird sich der Leser sagen, daß der Erfolg unserer Approximation durch ineinandergeschachtelte Intervalle nicht dadurch bedingt ist, daß wir Potenzen einer festen Zahl im Nenner verwenden, wir können auch irgendwelche Zahlen im Nenner verwenden, wenn wir nur daran festhalten, daß die Intervalle ineinandergeschachtelt sind, d. h. daß jedes Intervall Teilintervall aller vorher konstruierten ist, und daß die Intervalle sich schließlich auf den Punkt zusammenziehen, d. h. anschaulich gesprochen, daß es keine Strecke gibt, die allen diesen Intervallen angehört. Da nämlich eine solche etwa vorhandene Strecke eine gewisse Länge, etwa größer als $\frac{1}{10^n}$, haben müßte, so haben wir in dem folgenden Kriterium ein Kennzeichen dafür, daß es keine solche Strecke gibt: Wie auch die ganze Zahl n gewählt sein mag, immer sind von einem gewissen Punkte an alle Intervalle kürzer als $\frac{1}{10^n}$. Es sind also fast alle Intervalle kürzer als $\frac{1}{10^n}$, wie auch die ganze Zahl n gewählt sein mag.

Resultat der bisherigen Überlegungen über Intervallschachtelung: *Wenn auf der Zahlengeraden irgendein Punkt P gegeben ist, so können wir auf mannigfache Weise eine Intervallschachtelung angeben derart, daß der Punkt P allen Intervallen der Schachtelung angehört. Kein anderer Punkt hat dann für eine derartige P umschließende Intervallschachtelung diese gleiche Eigenschaft.*

Der letzte Teil folgt daraus, daß, wenn P und Q allen Intervallen angehören, auch alle dazwischengelegenen Punkte allen Intervallen angehören müßten. Das geht nicht, weil der Limes der Intervallängen Null ist, die Längen also fast alle kleiner sind als der Abstand dieser beiden Punkte P und Q.

Sei nun *umgekehrt* eine Intervallschachtelung gegeben; gibt es dann einen bestimmten Punkt, der allen diesen Intervallen angehört, auf welchen sich also die Intervalle zusammenziehen?

Es hat wohl für jedermann etwas Zwingendes, diese Frage zu bejahen. Mehrere Punkte können ja sicher nicht allen Intervallen angehören, wie wir eben schon sahen. Es bleiben also nur die Möglichkeiten, daß ein oder kein Punkt allen Intervallen ohne Ausnahme angehört. Daß kein Punkt da sei, widerstrebt unserer Vorstellung von der Lückenlosigkeit der Geraden. Wenn wir behaupten, daß ein solcher Punkt und nur einer immer vorhanden ist, so ist das nur eine (wie sich zeigen wird) *mathematisch brauchbare Formulierung der populären Vorstellung von dem lückenlosen Aufbau der Geraden aus ihren Punkten.* Wir wollen diese Tatsache als eine Grundtatsache, als ein Axiom allem Weiteren zugrunde legen. Denn es ist klar, daß wir unsere Behauptung nur beweisen könnten, wenn wir zuvor die Voraussetzung von der Lückenlosigkeit der Geraden irgendwie anders begrifflich gefaßt hätten. Das kann man tun.[1]) Wir wollen aber hier darauf verzichten und folgendes *Axiom* zugrunde legen: *Zu jeder Folge ineinandergeschachtelter, abgeschlossener Intervalle, deren Länge den Grenzwert Null hat, gehört genau ein ganz bestimmter Punkt der Geraden, der allen diesen Intervallen angehört* (*Axiom der Intervallschachtelung*).

Um den Satz genau in diesem Wortlaut aussprechen zu können, müssen wir abgeschlossene Intervalle verwenden, d. h. nach der Erklärung auf S. 12 Intervalle einschließlich ihrer Endpunkte. Denn sonst würde z. B. die folgende Intervallfolge: I_1 von 0 bis 1, I_2 von 0 bis $\frac{1}{2}$, allgemein I_n von 0 bis $\frac{1}{n}$ keinen innersten Punkt besitzen. Denn außer 0 kommt sicher keiner in Frage, weil jeder andere Punkt für genügend großes n rechts von $\frac{1}{n}$ liegt oder überhaupt links von 0. Der Punkt 0 gehört aber nur allen Intervallen an, wenn wir die Anfangspunkte (das ist ja immer der Punkt 0 selbst) den Intervallen zuzählen. Ebenso muß man, eines ähnlichen anderen Beispieles wegen, die Endpunkte mit zu den Intervallen rechnen, weil wir unseren Satz im gewählten Wortlaut aussprechen wollen. Bei anderer Wahl des Wortlautes

1) Siehe z. B. § 5 dieses Kapitels.

könnte man diese Beschränkung auf geschlossene Intervalle auch umgehen. Wir wollen aber beim gewählten stehen bleiben. *Auf diesem Axiom ruht die gesamte Differential- und Integralrechnung.*

Beispiel: Um eine Anwendung des Axioms der Intervallschachtelung zu geben, wollen wir auf die am Schluß des letzten Paragraphen erklärten Häufungspunkte zurückkommen. Über die Existenz solcher Häufungspunkte besteht nämlich der folgende allgemeine *Satz von Bolzano-Weierstraß*: *Eine jede in einem endlichen Intervall enthaltene unendliche Menge von Punkten besitzt mindestens einen Häufungspunkt.* Zum Beweis teile ich das Intervall in zwei gleiche Teile. Dann muß mindestens die eine der beiden Hälften unendlich viele der Punkte enthalten. Eine solche Hälfte wird wieder halbiert und diejenige neue Hälfte herausgesucht, welche unendlich viele Punkte enthält. So weiterfahrend erhalte ich eine Intervallschachtelung, deren jedes Intervall unendlich viele Punkte enthält. In beliebiger Nähe des innersten Punktes der Schachtelung liegen daher auch unendlich viele Punkte der Menge. Er ist also ein Häufungspunkt der Menge.

§ 4. Irrationalzahlen und unendliche Dezimalbrüche. Vom Standpunkt des im vorigen Paragraphen formulierten Axiomes aus wollen wir nun einen Blick auf die dem Leser geläufige Verwendung der unendlichen Dezimalbrüche werfen. Die entscheidende Bemerkung ist dabei diese, daß der Satz von der Intervallschachtelung für die Menge aller Punkte einer Geraden richtig ist, daß er aber seine Richtigkeit verliert, sobald wir nur von rationalen Punkten der Geraden reden. Jede Intervallschachtelung definiert nämlich einen Punkt, aber nicht jede Folge ineinandergeschachtelter Intervalle mit lauter rationalen Endpunkten definiert einen rationalen Punkt. Ein Beispiel war die vorhin gegebene Intervallschachtelung, die auf $\sqrt{2}$ führte. Aber es kann auch einmal eine Interfallfolge mit rationalen Endpunkten wieder auf einen rationalen Endpunkt führen; man denke z. B. an die zur Dezimalbruchdarstellung von $\frac{1}{3}$ gehörige, oben (S. 16) schon einmal benutzte Intervallschachtelung oder einfach daran, daß die Menge der rationalen Punkte überall dicht liegt. Wenn wir zu Beginn des vorigen Paragraphen uns vornahmen, die Menge aller Punkte einer Geraden mit der Menge ihrer rationalen Punkte zu vergleichen, so ist der Unterschied zwischen beiden nun klar ausgesprochen in den eben gemachten Bemerkungen über Intervallschachtelungen.

Damit ist auch klar der Grund angegeben, warum die Menge aller rationalen Zahlen nicht ausreicht, um jedem Punkt der Geraden eine Abszisse zuzuordnen. Wollen wir dies erreichen, so müssen wir neben den rationalen noch die irrationalen Zahlen einführen derart, daß für die Gesamtheit dann wieder der Satz von der Intervallschachtelung gilt. Ohne auf Vollständigkeit Anspruch zu machen, wollen wir das noch etwas näher ausführen.

Das Axiom der Intervallschachtelung ist das Mittel, durch das wir von den rationalen Punkten einer Geraden zu der lückenlosen Gesamtheit ihrer Punkte aufsteigen. So muß auch das Axiom der Intervallschachtelung das Mittel sein, um die Lücken zwischen den rationalen Zahlen auszufüllen. Jedesmal dann, wenn eine Intervallschachtelung im Gebiete der rationalen Zahlen keine rationale innerste Zahl besitzt, haben wir eine Lücke vor uns. Wir füllen sie aus, indem wir einer jeden solchen Intervallschachtelung eine neue Zahl zuordnen: *Eine Intervallschachtelung ohne rationale innerste Zahl bestimmt eine Irrationalzahl.* Wir dürfen aber nicht zwei verschiedenen solchen Intervallschachtelungen immer verschiedene Irrationalzahlen zuordnen. Denn dann bekommen wir mehr Irrationalzahlen als Punkte auf der Zahlengeraden. *Wir werden vielmehr zwei Intervallschachtelungen dieselbe Irrationalzahl zuordnen, wenn sie den gleichen innersten Punkt besitzen.*[1]) Dann ist das Entsprechen zwischen Zahlen und Punkten ein wechselseitig eindeutiges. Die Intervallschachtelungen, die zur Definition der Irrationalzahlen dienten, sind sofort das Mittel zu ihrer Bezeichnung. Wir können ja auch den Ort eines Punktes auf der Zahlengeraden durch Angabe einer beliebigen Intervallschachtelung festlegen, deren innerster Punkt er ist. Dies kann auf die mannigfache Weise geschehen. So haben wir nun auch durch unsere Definition die mannigfachsten Mittel an der Hand, die Irrationalzahlen zu bezeichnen. Am bequemsten wählt man natürlich die Bezeichnung so, daß sie sich möglichst eng an das Dezimalsystem anlehnt, das uns von den ganzen Zahlen geläufig ist. Wie die Dezimalbrüche, auf die wir so kommen, mit unserer Definition zusammenhängen, sei also noch kurz auseinandergesetzt. Wir haben schon oben gezeigt, wie man auf der Zahlengeraden zur Festlegung ihrer Punkte vollständig mit Intervallen auskommt, deren Anfangs- und Endabszissen endliche Dezimalbrüche sind. Diese endlichen Dezimalbrüche müssen also auch als Anfangs- und Endzahlen der Intervallschachtelungen ausreichen, die wir zur Bezeichnung der Irrationalzahlen und der nicht durch endliche Dezimalbrüche dargestellten rationalen Zahlen, wie $\frac{1}{3}$ usw. verwenden wollen. Es genügt völlig, irgendwelche Intervallschachtelungen anzugeben, deren erstes Intervall die Länge 1, deren zweites die Länge $\frac{1}{10}$, deren drittes die Länge $\frac{1}{10^2}$, deren $n$tes allgemein die Länge $\frac{1}{10^{n-1}}$ hat, um mit

1) Wir sprechen dies Kriterium nachher noch etwas anders aus.

diesen Intervallschachtelungen alle Irrationalzahlen und auch alle rationalen Zahlen zu erfassen. Um z. B. $\sqrt{2}$ zu bezeichnen, hätten wir also zu notieren (1; 2), (1,4; 1,5), (1,41; 1,42) ...[1]) Da wir aber die Intervallängen doch von vornherein kennen, nämlich 1, bzw. $\frac{1}{10}$, bzw. $\frac{1}{10^2}$ usw., so genügt es, nur die Anfangszahlen aufzuschreiben, und da diese immer bis auf die letzte Ziffer, die neu hinzukommt, mit den vorhergehenden übereinstimmen, schreiben wir überhaupt nur die folgende Ziffernfolge $\sqrt{2} = 1{,}414\ldots$ und merken uns: Was vòr dem Komma steht, ist der Anfang des ersten Intervalles, eine Ziffer nach dem Komma gibt den Anfang des zweiten Intervalles usw. Dies Beispiel wird dem Leser genügend den Zusammenhang klar machen. Unter dieses allgemeine Schema fallen dann auch die endlichen Dezimalbrüche, denn wir können ja unbegrenzt viele Nullen anfügen. Der Leser sieht so ohne weiteres, wie die endlichen Dezimalbrüche sich unserer allgemeinen Bezeichnung als Spezialfall unterordnen. Die innerste Zahl, die so der einem endlichen Dezimalbruch entsprechenden Intervallschachtelung angehört, tritt bei dieser Intervallschachtelung in jedem Intervall entweder immer als Anfangszahl oder immer als Endzahl auf. Anfangszahl ist z. B. 2,5, wenn ich diese Intervallschachtelung verwende,

$$2{,}5 = 2{,}500000\ldots$$

Endzahl ist aber 2,5, wenn ich diese Intervallschachtelung verwende,

$$2{,}5 = 2{,}4999\ldots$$

Bemerkung: Statt zur Bezeichnung die Zahlen zu verwenden, deren Nenner eine Potenz von 10 ist, kann man natürlich auch die Zahlen verwenden, deren Nenner z. B. eine Potenz von 2 ist. Neben den Dezimalbrüchen erhalte ich so die Dualbrüche als ein weiteres Mittel zur Bezeichnung der Zahlen.

Stellt man sich auf den Standpunkt, daß man erst über die rationalen Zahlen verfügt, und neben ihnen die irrationalen einführen will, so bedeuten die vorausgegangenen Zeilen dieses Paragraphen die Definition der Irrationalzahlen. Von diesem Standpunkt bleibt dann aber weiter erst zu erklären, wie man mit den Irrationalzahlen rechnen kann.

Auch ist die Benennung der Irrationalzahlen als Zahlen erst dann ganz gerechtfertigt, wenn wir noch zeigen, daß man mit diesen neuen Zahlen ganz nach denselben Regeln rechnen kann, wie mit den Rationalzahlen. Dazu müssen wir *erklären*, was wir unter Summe, Differenz, Produkt, Quotient zweier Zahlen ver-

1) Unter $(a;\, b)$ wird also das Intervall $a \leqq x \leqq b$ verstanden.

stehen wollen. Dann müssen wir zusehen, ob für die gegebenen Erklärungen die auf S. 13/14 stehenden Rechenregeln gelten.

Wenn da aber ein Leser meinen sollte, an den Summen zweier Irrationalzahlen sei nichts zu erklären, so bitte ich ihn den Dezimalbruch zu bestimmen, der als Summe von 0,3333 . . . und 0,989898 . . . anzusprechen ist. Der Leser möge die beiden Dezimalbrüche direkt addieren.

Wenn ich A und B addieren soll, so nehme ich irgend zwei Intervallschachtelungen, eine für A und eine für B. Sei z. B. $A = (a_n;\ a'_n)$[1] und $B = (b_n;\ b'_n)$. Dann erkläre ich die Summe $A + B$ durch die Intervallschachtelung

$$A + B = (a_n + b_n;\quad a'_n + b'_n).$$

Ist dies auch eine Intervallschachtelung? Ja! Denn es gilt

$$a_n \leqq a_{n+1} < a'_{n+1} \leqq a'_n \quad \text{und} \quad b_n \leqq b_{n+1} < b'_{n+1} \leqq b'_n.$$

Daraus folgt durch Addition

$$a_n + b_n \leqq a_{n+1} + b_{n+1} < a'_{n+1} + b'_{n+1} \leqq a'_n + b'_n.$$

Jedes Intervall liegt also in den vorhergehenden. Ferner ist die Intervallänge $l_n = a'_n + b'_n - (a_n + b_n)$. Also gilt

$$\lim_{n\to\infty} l_n = \lim_{n\to\infty} (a'_n - a_n) + \lim_{n\to\infty} (b'_n - b_n) = 0.$$

Ganz analog erklären wir

$$A - B = (a_n - b'_n;\ a'_n - b_n).$$

Rechts steht wieder einer Intervallschachtelung. Denn es gilt

$$a_n \leqq a_{n+1} < a'_{n+1} \leqq a'_n; \quad -b'_n \leqq -b'_{n+1} < -b_{n+1} \leqq -b_n;$$

und daraus folgt durch Addition

$$a_n - b'_n \leqq a_{n+1} - b'_{n+1} < a'_{n+1} - b_{n+1} \leqq a'_n - b_n.$$

Auch ist der Limes der Intervallängen Null. Denn es ist

$$\lim_{n\to\infty} [(a'_n - b_n) - (a_n - b'_n)] = \lim_{n\to\infty} (a'_n - a_n) + \lim_{n\to\infty} (b'_n - b_n) = 0.$$

Nun kommt aber erst die Hauptschwierigkeit. Wenn ich von einer anderen Darstellung von A oder von B durch eine Intervallschachtelung ausgehe, so kann ich darauf auch diesen Prozeß der Summenbildung anwenden. Bekomme ich aber da immer dieselbe Summe, wie ich auch die A und B darstellenden Schachtelungen wählen mag? Wäre dem nicht so, so wäre die Summe zweier Irrationalzahlen durch unsere Erklärung nicht eindeutig

---

1) Das erste Intervall der Schachtelung ist also $a_1 \leqq x \leqq a'_1$, das zweite $a_2 \leqq x \leqq a'_2$ usw.

bestimmt, und wir wären mit dem ersten unserer Axiome der Arithmetik im Widerspruch. Soll also dieses Axiom erfüllt sein, so muß die Summe von der Auswahl der bei ihrer Erklärung benutzten Intervallschachtelungen, also von der Bezeichnung der beiden Irrationalzahlen unabhängig sein. Am raschesten geangt man zu dieser Einsicht auf dem folgenden Wege. Setze Iich $A = (a_n; a'_n)$, so habe ich nach S. 19[1]: $A = \lim\limits_{n \to \infty} a_n = \lim\limits_{n \to \infty} a'_n$. Ist weiter $A = (\bar{a}_n; \bar{a}'_n)$ so wird auch $A = \lim\limits_{n \to \infty} \bar{a}_n = \lim\limits_{n \to \infty} \bar{a}'_n$. Daher wird weiter $\lim\limits_{n \to \infty} (a_n - \bar{a}_n) = 0$. Denn von einem gewissen $n = N(\varepsilon)$ an gehören a_n und $\bar{a}_n$ einem Intervall der Länge ε an, unterscheiden sich also voneinander um weniger als 2ε. Denn sowohl A und a_n wie A und $\bar{a}_n$ gehören von einem gewissen $N(\varepsilon)$

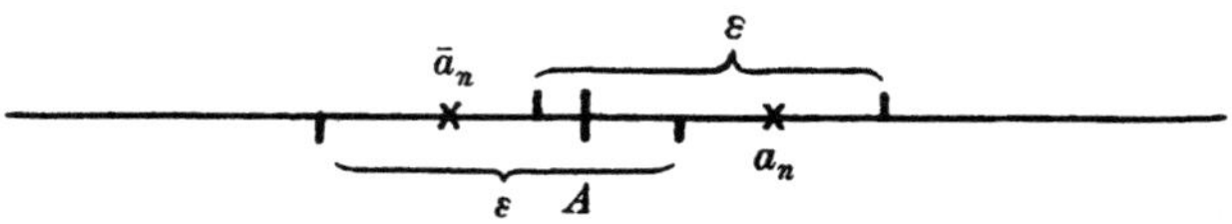

Fig. 7.

an je einem Intervall der Länge ε an. Da diesen beiden Intervallen A gemeinsam angehört, so können sich a_n und $\bar{a}_n$ nicht um mehr als 2ε unterscheiden (Fig. 7). Ebenso ist $\lim\limits_{n \to \infty} (a'_n - \bar{a}'_n) = 0$.

Die gleichen Betrachtungen gelten für $B = (b_n; b'_n) = (\bar{b}_n; \bar{b}'_n)$. Es ist $\lim\limits_{n \to \infty} (b_n - \bar{b}_n) = 0$, $\lim\limits_{n \to \infty} (b'_n - \bar{b}'_n) = 0$. Ich setze $S = (a_n + b_n;\ a'_n + b'_n)$, $\bar{S} = (\bar{a}_n + \bar{b}_n;\ \bar{a}'_n + \bar{b}'_n)$. Ich führe nun eine neue Intervallschachtelung $(\alpha_n; \beta_n)$ ein. Hier sei stets α_n die kleinere der beiden Zahlen $a_n + b_n$ und $a'_n + b'_n$. β_n aber sei die größere der beiden Zahlen $a'_n + b'_n$ und $\bar{a}'_n + \bar{b}'_n$. Daß $(\alpha_n; \beta_n)$ eine Intervallschachtelung ist, folgt leicht aus den vorausgehenden Bemerkungen. Da aber das Intervall $(\alpha_n; \beta_n)$ sowohl $(a_n + b_n; a'_n + b'_n)$ wie $(\bar{a}_n + \bar{b}_n; \bar{a}'_n + \bar{b}'_n)$ enthält, so sind S und $\bar{S}$ innerste Punkte von $(\alpha_n; \beta_n)$. Also ist $S = \bar{S}$. Ebenso schließt man im Falle der Differenz.

Ganz analog verfahre ich nun bei Produkt und Quotient. Ich erkläre in verständlicher Abkürzung für positive A und B, d. h. für den Fall, daß für genügend große n die $a_n > 0$ und die $b_n > 0$ sind

$$A B = (a_n b_n;\ a'_n b'_n).$$

$$\frac{A}{B} = \left(\frac{a_n}{b'_n};\ \frac{a'_n}{b_n}\right).$$

---

1) Man muß sich hier der Erklärung des Limes bedienen, die nicht die Differenz $A - a_n$ benutzt. Denn das Rechnen ist ja erst für rationale Zahlen erklärt.

Ganz wie oben rechtfertige ich diese Definition durch den Nachweis, daß die angeschriebenen wirklich wieder Intervallschachtelungen sind. Der Nachweis, daß das wieder Schachtelungen sind, sichert für jede Wahl der A und B bestimmenden Schachtelungen die Existenz von Produkt, Quotient usw. Die dadurch gesicherte Bedeutung der in zweiter Linie angeführten Grenzwerte beweist, wie oben bei der Summe, die Unabhängigkeit der Produktdefinition usw. von der Art der für A und B gewählten Schachtelungen. Für negative A und B sind die Erklärungen von Produkt und Quotient entsprechend zu ändern. Doch will ich das nicht näher ausführen.

Nun noch die Rechenregeln, die S. 13 unter dem Namen „Axiome der Arithmetik" zusammengestellt sind. Sie müssen nun alle in dem erweiterten Zahlengebiet als gültig nachgewiesen werden. Das ist rasch gemacht. Nehmen wir z. B. das distributive Gesetz. Es ist für positive Zahlen

$$\begin{aligned} A(B+C) &= (a_n; a_n')\{(b_n; b_n') + (c_n; c_n')\} \\ &= (a_n; a_n')\{b_n + c_n; b_n' + c_n'\} \\ &= (a_n b_n + a_n c_n; a_n' b_n' + a_n' c_n') \\ &= (a_n b_n; a_n' b_n') + (a_n c_n; a_n' c_n') \\ &= (a_n; a_n')(b_n; b_n') + (a_n; a_n')(c_n; c_n') \\ &= AB + AC. \end{aligned}$$

Ebenso zeigt man die Gültigkeit der anderen Rechenregeln.

Ich nenne weiter $A > B$, wenn die Anfangszahlen einer A erklärenden Intervallschachtelung größer gewählt werden können oder, was dasselbe ist, für genügend große Intervallnummer größer sind als fast alle Endzahlen einer B bestimmenden Intervallschachtelung. Diese Erklärung erlaubt es nun auch, die noch übrigen Axiome der Arithmetik und die Betrachtungen von § 2 über den Grenzbegriff wörtlich ins Gebiet aller reellen (rationalen und irrationalen) Zahlen zu übertragen.

Als Anwendung werde noch die S. 27 gestellte Aufgabe gelöst. Es sollte die Dezimalbruchdarstellung der Summe 0,3333 ... + 0,989898 ... angegeben werden. Zunächst stellen wir beide Zahlen als Intervallschachtelungen dar. Dann ist

$$0{,}33\ldots = \{(0;1), (0{,}3; 0{,}4)\ (0{,}33; 0{,}34)\ldots\}$$

$$0{,}98\ldots = \{(0;1), (0{,}9; 1{,}0), (0{,}98; 0{,}99)\ldots\}$$

Also wird eine Intervallschachtelung für die Summe:

$$\{(0;2), (1{,}2; 1{,}4)\ (1{,}31; 1{,}33), (1{,}322; 1{,}324), (1{,}3231; 1{,}3233)\}$$

Man entnimmt hieraus, daß die Dezimalbruchdarstellung der Summe so beginnen muß: 1,323 ... In der Tat ist die Summe ja $\frac{131}{99} = 1{,}323232\ldots$

§ 5. Der Satz vom Dedekindschen Schnitt. Die Theorie der Irrationalzahlen, welche wir hier im geometrischen Gewand vorgetragen haben, ist auf das Axiom der Intervallschachtelung begründet. Wir haben oben schon darauf hingewiesen, daß es nicht nötig ist, die Vorstellung der lückenlosen Geraden durch *dieses* Axiom mathematisch zu fassen. Es kann auch in anderer Weise geschehen. Nur wird man natürlich erwarten müssen, daß, rein logisch genommen, beide Formulierungen äquivalent sein müssen. Es muß möglich sein, jede aus der anderen heraus zu beweisen.

Man verdankt *Dedekind* eine Theorie der Irrationalzahlen und damit eine Grundlage für die Differentialrechnung, welche auf einem etwas anderen Axiom beruht. Wir wollen es nennen und zeigen, daß es aus dem Axiom der Intervallschachtelung gefolgert werden kann:

Es sei eine Einteilung sämtlicher Punkte einer Geraden in zwei Klassen gegeben von folgender Art: Jeder Punkt der Klasse I liegt links von jedem Punkt der Klasse II, (und jeder Punkt der Klasse II liegt rechts von jedem Punkt der Klasse I). Außerdem möge jede der beiden Klassen Punkte enthalten. Dann gibt es genau einen Punkt der Geraden, der diese Einteilung hervorbringt, so daß also jeder Punkt der Klasse I entweder mit ihm zusammenfällt oder links von ihm liegt, und daß jeder Punkt der Klasse II, der nicht mit ihm zusammenfällt, rechts von ihm liegt.

Eine derartige Klasseneinteilung der Punkte erhalten wir z. B., wenn wir irgendeinen Punkt A der Geraden ins Auge fassen und in Klasse I etwa diesen Punkt und alle links von ihm gelegenen aufnehmen, die Klasse II aber aus allen Punkten rechts von A bestehen lassen. Jeder Punkt A bringt also eine Klasseneinteilung hervor, wie sie im Satz beschrieben ist. Der Sinn des Satzes ist nun der, daß die beispielsweise eben angegebenen Klasseneinteilungen die einzigen von den im Satz verlangten Eigenschaften sind, daß sie also alle wie im Beispiel durch einen Punkt der Geraden erzeugt werden.

Wir wollen eine solche Klasseneinteilung einen *Dedekindschen Schnitt* nennen und wollen nun beweisen, daß jeder Schnitt durch einen Punkt hervorgebracht wird. Der Beweis fließt natürlich aus dem Axiom der Intervallschachtelung. Ich bemerke zunächst, daß jedesmal dann, wenn zwei Punkte A und B derselben Klasse angehören, auch alle zwischen beiden gelegenen Punkte dieser Klasse angehören. Denn liegt z. B. B rechts von A und gehören z. B. beide der Klasse I an, so gehören dieser Klasse auch alle links von B gelegenen Punkte an. Denn dort liegen keine Punkte der Klasse II, weil diese alle rechts von B liegen. Zu diesen links von B gelegenen gehören aber auch die Punkte zwischen A und B. Ebenso schließt man in den anderen Fällen. Es können nun nicht alle ganzzahligen Punkte derselben Klasse angehören. Denn sonst müßten nach der eben gemachten Bemerkung überhaupt alle Punkte einer Klasse angehören. Es sollte aber keine Klasse leer sein. Daher gibt es zwei aufeinanderfolgende ganzzahlige Punkte, die verschiedenen Klassen angehören. Zwischen diesen beiden (die Grenzen mit eingerechnet) gibt es aus demselben Grunde zwei aufeinanderfolgende Zahlen mit dem Nenner 10, die verschiedenen Klassen angehören. So fortfahrend erhalten wir eine Intervallschachtelung, die einen Punkt S definiert. Dieser, behaupte ich, bringt den Schnitt hervor. Denn jeder Punkt zu seiner linken liegt auch links von fast allen der S definierenden Intervallanfänge, gehört also zur Klasse I. Ebenso gehören alle Punkte rechts von S zur Klasse II. Damit ist der Satz bewiesen.

Umgekehrt kann man auch den Satz von der Intervallschachtelung aus dem Satz vom Dedekindschen Schnitt beweisen. Wir wollen indessen diesen Nachweis dem Leser überlassen, zumal wir uns vorgenommen haben, unseren ganzen Bau auf dem Axiom der Intervallschachtelung zu errichten.

Ich beschließe diesen Paragraphen mit einer Anwendung des Satzes vom Dedekindschen Schnitt. Eine Zahlenfolge heißt (nach oben) beschränkt, wenn ihre sämtlichen Zahlen nicht größer sind als eine feste Zahl M. Diese heißt eine *obere Schranke* der Folge. Ebenso nennt man jede Zahl, welche so wie M *von keiner* Zahl der Folge übertroffen wird, eine *obere Schranke* der Folge. *Unter diesen oberen Schranken gibt es eine kleinste. Diese heißt die obere Grenze der Menge.* Die Existenz dieser oberen Grenze ist es, die wir mit Hilfe des Dedekindschen Schnittes beweisen wollen. Falls es in der Zahlenfolge eine größte gibt, so ist diese zugleich die obere Grenze, da sie ja als größte von keiner Zahl übertroffen wird. Aber nicht jede Zahlenfolge enthält eine größte. So ist z. B. unter den Abschnitten (d. h. endlichen abgebrochenen Dezimalbrüchen) eines unendlichen Dezimalbruches, im allgemeinen kein größter vorhanden. Erst der unendliche Dezimalbruch selbst ist die obere Grenze seiner Abschnitte. Nun zum *Beweis*. Ich teile wie folgt alle Zahlen in zwei Klassen ein. In die erste Klasse nehme ich alle übertroffenen, in die zweite Klasse alle unübertroffenen Zahlen auf. Das heißt: In Klasse I gehören die Zahlen, die von geeigneten Zahlen der Folge übertroffen werden; in die Klasse II aber gehören alle die Zahlen, welche von keiner Zahl der Folge übertroffen werden, also kurz alle oberen Schranken der Folge, während Klasse I alle Zahlen enthält, die nicht obere Schranken sind. Die Zahl S, welche den Schnitt hervorbringt, ist die obere Grenze. Denn alle Zahlen der Folge — mit Ausnahme der vielleicht vorhandenen größten Zahl der Folge — gehören zur Klasse I. Also wird S von keiner nicht mit S zusammenfallenden Zahl der Folge übertroffen. S ist also obere Schranke und als kleinste Zahl der Klasse II zugleich obere Grenze.

Ganz entsprechend werden die Begriffe nach unten beschränkte Folge, untere Schranke, untere Grenze erklärt.

III. Unendliche Reihen.

§ 1. Fragestellung. Wir legen unseren Betrachtungen eine Zahlenfolge $u_1, u_2, u_3, \ldots$ zugrunde und nehmen uns vor, den Summenbegriff auf diese Folge von unendlich vielen Zahlen zu übertragen. Zum Zeichen dieses Vorhabens pflegt man gern die Glieder der Folge durch Pluszeichen zu verbinden statt sie durch Kommata zu trennen und von einer *unendlichen Reihe* statt einer unendlichen Folge zu reden: $u_1 + u_2 + \cdots$ Durch diese neue Schreibweise ist natürlich der Begriff „*Summe einer unendlichen Folge oder Reihe*" noch nicht festgelegt, sondern dadurch sind nur die Reihenglieder u erneut aufgeschrieben. *Was man aber unter der Summe der Reihe verstehen will, muß nun erst genau erklärt werden.* Am nächsten liegt es, die Glieder der Reihe eines nach dem anderen zusammenzuzählen. Diese Vorstellung führt zu der folgenden Erklärung. Die endliche Reihe $s_n = u_1 + u_2 + \cdots + u_n$, die wir erhalten, wenn wir die unendliche nach n Summanden abbrechen, nennen wir $n$te Teilsumme. *Dann betrachten wir die Zahlenfolge $s_1, s_2, s_3, \ldots$ und fragen, ob der Grenzwert $S = \lim\limits_{n\to\infty} s_n$ existiert. Ist dies der Fall, so nennen wir die Reihe konvergent und nennen S ihre Summe. Existiert der Grenzwert nicht, so besitzt die unendliche Reihe keine Summe und heißt divergent.* So besitzt z. B. die unendliche Reihe $1 + 1 + 1 + \cdots$, deren Glieder alle gleich eins sind, keine Summe, denn hier ist $s_n = n$ und $\lim\limits_{n\to\infty} n$ existiert nicht. Denn es gibt z. B. keine Zahl, die von fast allen diesen Teilsummen um weniger als 1 verschieden ist.

Ebenso besitzt die Reihe $1 - 1 + 1 - 1 + \cdots$, deren Glieder abwechselnd $+1$ oder -1 sind, keine Summe. Denn die Teilsummen sind abwechselnd $+1$ oder 0. Es gibt aber z. B. keine Zahl, die von $+1$ und von 0 weniger als $\frac{1}{2}$ verschieden wäre.

Dagegen besitzt die unendliche geometrische Reihe

$$1 + \tfrac{1}{2} + (\tfrac{1}{2})^2 + \cdots + (\tfrac{1}{2})^n + \cdots$$

eine Summe. Denn hier ist bekanntlich $s_n = \dfrac{1 - (\frac{1}{2})^n}{1 - \frac{1}{2}}$. Da der

Grenzwert eines Quotienten existiert, falls Zähler und Nenner einen Grenzwert besitzen, und gleich dem Quotient der Grenzwerte ist, so ist $\frac{1}{1-\frac{1}{2}} = 2$ die Summe der unendlichen Reihe.

Die Summe der unendlichen Reihe $a_0 + \frac{a_1}{10} + \frac{a_2}{10^2} \cdots$, in welcher alle a_1, a_2, ... zwischen Null und neun liegen, ist der unendliche Dezimalbruch $a_0, a_1 a_2 a_3 \ldots$ Die Existenz der Summe dieser speziellen unendlichen Reihe ist durch das Axiom der Intervallschachtelung gewährleistet.

Die Frage nach der Summe einer unendlichen Reihe ist identisch mit der Frage nach dem Grenzwert einer unendlichen Zahlenfolge. Denn die Teilsummen bilden einerseits eine unendliche Zahlenfolge, deren eventuell vorhandener Grenzwert die Summe der Reihe ist. Andererseits läßt sich jede unendliche Zahlenfolge als Folge der Teilsummen einer passenden unendlichen Reihe auffassen. Denn ist $s_1, s_2, s_3, \ldots, s_n, \ldots$ die Zahlenfolge, so setze man $u_1 = s_1$, $u_2 = s_2 - s_1 \ldots u_n = s_n - s_{n-1} \ldots$ und hat in $u_1 + u_2 + \cdots + u_n + \cdots$ eine unendliche Reihe, deren Teilsummen die Glieder der Zahlenfolge sind.

§ 2. Geometrische Veranschaulichung. Neben der Deutung einer Zahlenfolge als Punktfolge einer Zahlengeraden bedient man sich gern noch einer anderen Veranschaulichung. Sie beruht darauf, daß man die s_n als Ordinaten y zur Abszisse $x = n$ in einem rechtwinkligen Koordinatensystem aufträgt. Die Anschaulichkeit wird noch erhöht, wenn man die so erhaltenen Punkte durch einen Kurvenzug, z. B. einen Zug gerader Strecken verbindet. Fig. 8 bringt so eine konvergente Zahlenfolge zur Darstellung.

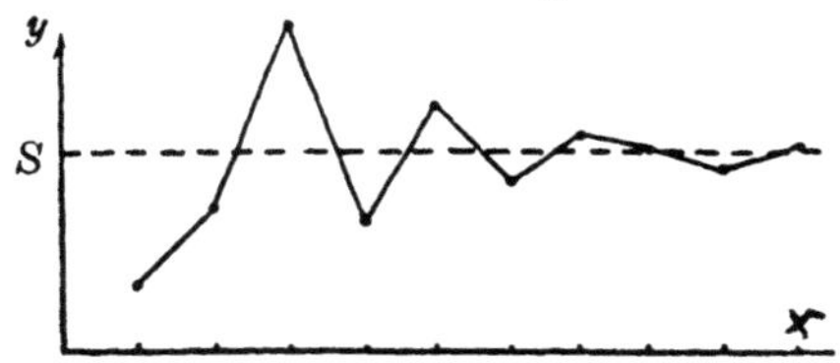

Fig. 8.

Die Bedingung, daß für genügend große n sich die Glieder der Folge s_n um höchstens ε von der Summe S unterscheiden sollen, hat zur Folge, daß der Zickzackzug sich von diesem n an nicht mehr um mehr als ε nach oben oder unten von der bei S gestrichelten Horizontalen entfernen kann. Die Kurve muß daher in dem Streifen zwischen den Geraden $y = S + \varepsilon$ und $y = S - \varepsilon$ von diesem n an verlaufen. Projiziert man die Kurvenecken durch Parallele zur x-Achse auf die y-Achse, so erhält man die bisher allein benutzte Deutung auf einer Zahlengeraden. Diese besagt ja, daß von einem gewissen n an alle s_n einem Intervall der Länge 2ε mit S als Mittelpunkt angehören müssen. Hat man es mit einer nie abnehmenden Folge zu tun, ist also für alle n: $s_{n+1} \geqq s_n$, so verläuft der ganze Zickzackzug unterhalb der Geraden $y = S$. Bei einer nie zunehmenden Folge verläuft die Kurve ganz oberhalb der Horizontalen, der sie sich asymptotisch anschmiegt.

Als Beispiel einer nicht konvergenten Zahlenfolge betrachten wir die Teilsummen der Reihe $1 - 1 + 1 - 1 \ldots$, die ja abwechselnd 1 oder 0 sind. Das führt zu der folgenden Fig. 9.

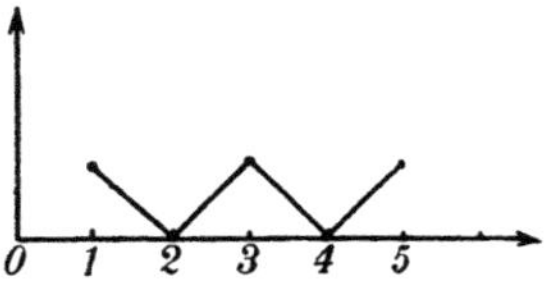

Fig. 9.

Vergleicht man beide Fig. 8 und 9 miteinander, so kommt man zu der Vermutung, daß bei einer *konvergenten*[1]) Zahlenfolge der Unterschied zweier aufeinanderfolgenden s_k, also $s_{n+1} - s_n$ gegen Null strebt, daß also aus $\lim\limits_{n \to \infty} s_n = S$ folgt, daß $\lim\limits_{n \to \infty} (s_{n+1} - s_n) = 0$ ist. Tatsächlich folgt ja aus $\lim\limits_{n \to \infty} s_n = S$, daß auch $\lim\limits_{n \to \infty} s_{n+1} = S$ ist. Daher ist in der Tat

$$\lim_{n \to \infty} (s_n - s_{n+1}) = \lim_{n \to \infty} s_n - \lim_{n \to \infty} s_{n+1} = S - S = 0.$$

Beachtet man, daß man jede Zahlenfolge s_n als Folge der Teilsummen einer unendlichen Reihe $u_1 + u_2 + \cdots$ ansehen darf, deren allgemeines Glied $u_n = s_n - s_{n-1}$ ist (S. 35), so erkennt man, *daß in jeder konvergenten Reihe* $u_1 + u_2 + \cdots$ *stets* $\lim\limits_{n \to \infty} u_n = 0$ *ist.*

§ 3. Monotone Zahlenfolgen und Reihen mit nur positiven Gliedern. Wir betrachten eine unendliche Folge von Zahlen s_1, $s_2, \ldots$ derart, daß jede Zahl der Folge nicht kleiner ist als die vorhergehende. Wir nennen eine solche Zahlenfolge *monoton* (nicht abnehmend).

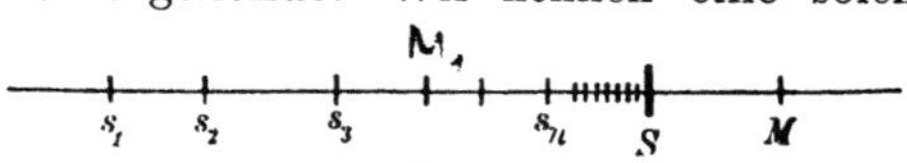

Fig. 10.

Es gelten also die Ungleichungen: $s_n \geqq s_{n+1}$ für jedes n. Außerdem soll die Zahlenfolge *beschränkt* sein, d. h. es soll eine Zahl geben, die größer ist als alle Zahlen der Folge. Es gelte also für ein passendes M und alle $n : s_n \leqq M$. Eine derartige Zahlenfolge besitzt, so behaupte ich, einen Grenzwert. Wir wollen also den folgenden Satz beweisen: *Jede beschränkte Folge nie abnehmender Zahlen besitzt einen Grenzwert S* (Fig. 10).

Wir wollen die Existenz einer Zahl S beweisen, von der fast alle Zahlen der Folge um weniger als eine beliebig gegebene positive Zahl ε abweichen. Das gelingt durch die Methode der Intervallschachtelung. Wir bemerken zunächst, daß immer nur

1) d. i. eine Zahlenfolge, die einen Grenzwert s besitzt.

endlich viele Zahlen der Folge kleiner sind als eine gegebene Zahl der Folge. Sie sind unter denjenigen enthalten, die eine kleinere Nummer als die gegebene haben. Wir betrachten das Intervall von s_1 bis M. Ihm gehören alle Zahlen der Folge an. Wir teilen es in zwei gleiche Teile (Teilpunkt M_1). Der einen Hälfte gehören sicher fast alle Zahlen der Folge an. Z. B. der Hälfte von M_1 bis M. Diese teilen wir wieder in zwei gleiche Teile, und wieder müssen der einen Hälfte fast alle Zahlen angehören. Denn da die Zahlen nie abnehmen, kann immer nur eine Hälfte unendlich viele Zahlen enthalten.

Durch Fortsetzung dieses Verfahrens erhalten wir in den jeweiligen weiterzuteilenden Intervallhälften eine unendliche Folge ineinandergeschachtelter Intervalle von gegen Null konvergierender Länge, also eine Intervallschachtelung. Einem jeden dieser Intervalle gehören fast alle Zahlen der Folge an. Die innerste Zahl der Intervallschachtelung ist darum von fast allen Zahlen der Folge um weniger als irgendeine der vorkommenden Intervalllängen verschieden, also auch weniger als irgendeine vorgegebene positive Zahl ε, denn es gibt Intervallängen, kleiner als diese Zahl. Daher ist die innerste Zahl der Intervallschachtelung der Grenzwert der Folge.

Anwendung auf unendliche Reihen: $u_1 + u_2 + \cdots + u_n + \cdots$ *sei eine unendliche Reihe mit lauter positiven Gliedern. Alle Teilsummen sollen unterhalb einer festen Grenze* M *liegen. Dann ist die Reihe konvergent.*

In der Folge der Teilsummen haben wir nämlich, da alle Reihenglieder positiv sind, eine stets wachsende Zahlenfolge vor uns, die außerdem beschränkt ist. Sie hat also nach unserem Satz einen Grenzwert, und der ist die Summe der Reihe.

§ 4. Konvergenzkriterien. Um die Konvergenz einer vorgelegten Reihe von positiven Gliedern auf Grund des letzten Satzes feststellen zu können, müssen wir uns nach Mitteln umsehen, die es erlauben, die Beschränktheit der Teilsummen zu erkennen. Diese liefert das *Prinzip der Reihenvergleichung. Es erlaubt, aus der bekannten Konvergenz einer Reihe* A *mit lauter positiven Gliedern auf die Konvergenz einer anderen Reihe* B *mit nichtnegativen Gliedern zu schließen, falls die Glieder der Reihe* B *nie größer sind als die Glieder gleicher Nummer in der Reihe* A.

Sei also $\sum_1^\infty {}_k\, u_k = u_1 + u_2 + \cdots$ eine konvergente Reihe positiver Glieder. Sei $\sum_1^\infty {}_k\, v_k = v_1 + v_2 + \cdots$ eine weitere Reihe nichtnegativer Glieder, und sei für jedes n: $v_n \leqq u_n$. Dann ist auch $\sum_1^\infty v_k$ konvergent. Denn für jedes n ist hiernach die $n$te Teilsumme der v-Reihe nicht größer als die $n$te Teilsumme der u-Reihe. Die Teilsummen der u-Reihe indessen sind alle kleiner als die Summe der u-Reihe, weil sie sich stets wachsend diesem Grenzwert nähern (Fig. 10). Daher sind alle Teilsummen der v-Reihe nicht größer als diese Summe und nach Annahme nicht negativ. Sie sind daher beschränkt. Die v-Reihe ist also konvergent. Der eben bewiesene Satz enthält als besondere Fälle einige wichtige Konvergenzkriterien in sich. Solche erhalten wir, sowie wir uns nach gewissen besonderen konvergenten Reihen positiver Glieder umsehen und diese als Vergleichsreihen im Sinne des Satzes verwenden. Bevor wir das tun, sei noch das Gegenstück zum bewiesenen Satz abgeleitet.

Sei $\sum_1^\infty u_k = u_1 + u_2 + \cdots$ eine divergente Reihe von lauter nichtnegativen Gliedern und es habe die Reihe $\sum_1^\infty v_k = v_1 + v_2 + \cdots$ positive Glieder, die aber alle größer oder doch nicht kleiner sein sollen als die gleichnumerierten der u-Reihe. Dann ist auch die v-Reihe divergent. Denn wäre sie konvergent, so müßte nach dem eben bewiesenen Satz auch die u-Reihe konvergieren.

Die *erste Vergleichsreihe* soll uns die geometrische Reihe $1 + k + k^2 + \cdots$ liefern. Sie konvergiert für $k < 1$, und sie divergiert für $k \geqq 1$. Denn hier ist $s_n = \frac{1 - k^n}{1 - k}$, also $\lim\limits_{n \to \infty} s_n = \frac{1}{1 - k}$ für $k < 1$. Dagegen wächst s_n für $k \geqq 1$ mit wachsendem n über alle Grenzen. Man schreibt dafür auch zur Abkürzung $\lim\limits_{n \to \infty} s_n = \infty$. (Dies bedeutet also, daß fast alle s_n größer sind als irgendeine vorgelegte Zahl N.) Benutzen wir die geometrische Reihe als Vergleichsreihe, so erhalten wir zwei wichtige von *Cauchy* herrührende Kriterien.

Die Reihe $\sum_1^\infty u_k$ *mit positiven Gliedern konvergiert, falls es eine positive Zahl l kleiner als eins gibt, derart daß fast alle Quotienten* $\frac{u_{n+1}}{u_n}$ *kleiner sind als diese Zahl l. Das ist z. B. dann der Fall, wenn* $\lim\limits_{n \to \infty} \frac{u_{n+1}}{u_n} = m < 1$. *Die Reihe divergiert jedoch, falls fast alle diese Quotienten größer sind als* 1 *oder gleich* 1. *Dies ist z. B. dann der Fall, wenn* $\lim\limits_{n \to \infty} \frac{u_{n+1}}{u_n} = L > 1$.

Wenn nämlich von $n = N$ an $\frac{u_{n+1}}{u_n} < l$, so ist

$$u_{N+1} < l \cdot u_N, \quad u_{N+2} < l u_{N+1}, \ldots$$

Daraus folgt $u_{N+h} < l^h u_N$ für $h > 0$. Also sind die Glieder der Reihe $u_N + u_{N+1} + \cdots$ kleiner als die Glieder der konvergenten geometrischen Reihe: $u_N + l u_N + l^2 u_N + \cdots$ Also ist die Reihe $u_N + u_{N+1} + \cdots$ gleichfalls konvergent. Die Summe der vorgelegten Reihe $u_1 + u_2 + \cdots + u_n + \cdots$ ist dann noch um die Summe $s_{N-1} = u_1 + \cdots + u_{N-1}$ größer. Sie konvergiert also auch. (Wir können auch direkt abschätzen $s_{N+h} < s_{N-1} + u_N \frac{1}{1-l}$ und daraus die Konvergenz folgern.) Ganz ebenso beweist man das Divergenzkriterium.

Aus derselben Wurzel stammt das folgende *Kriterium*: *Falls für fast alle n der Ausdruck $\sqrt[n]{u_n} \leqq k < 1$ (k von n unabhängig), so konvergiert die Reihe positiver Glieder: $\sum\limits_1^\infty u_k$. Ist aber $\sqrt[n]{u_n} \geqq 1$ für fast alle n, so divergiert die Reihe.* Der Beweis ist ganz ähnlich wie beim vorigen Kriterium.

Beispiele: $x + \frac{x^2}{2} + \frac{x^3}{3} + \cdots = \sum\limits_1^\infty \frac{x^n}{n}$ konvergiert für $0 \leqq x < 1$ und divergiert für $x > 1$. Denn hier ist $u_n = \frac{x^n}{n}$. Wir finden also $\frac{u_{n+1}}{u_n} = \frac{x n}{n+1}$. Dies ist für alle n kleiner als x. Ist also das nichtnegative x kleiner als 1, so haben wir Konvergenz. Ist aber $x > 1$, so sind alle Quotienten von einem gewissen an größer als 1. Denn es ist $\lim\limits_{n\to\infty} x \frac{n}{n+1} = \lim\limits_{n\to\infty} x \frac{1}{1+\frac{1}{n}} = x$ also größer als 1. Da aber fast alle Quotienten von ihrem Grenzwert um weniger als $x - 1$ verschieden sind, so sind sie fast alle größer als 1. Darum haben wir Divergenz. Unsere Kriterien versagen völlig für den Fall $x = 1$. Ihn werden wir nachher besonders untersuchen.

Die Reihe $\sum\limits_1^\infty \frac{x^n}{n!} = x + \frac{x^2}{2!} + \frac{x^3}{3!} + \cdots$ konvergiert für alle positiven x. Denn hier ist $u_n = \frac{x^n}{n!}$. Daher ist $\frac{u_{n+1}}{u_n} = \frac{x}{n+1}$. Daraus folgt $\lim\limits_{n\to\infty} \frac{u_{n+1}}{u_n} = 0$. Also sind fast alle Quotienten z. B. kleiner als $\frac{1}{2}$. Das lehrt für jedes x die Konvergenz der Reihe.

Als weiteres Beispiel sei die für $x \neq 0$ divergente Reihe $\sum_1^\infty{}_n\, n!\, x^n$ genannt.

Aber alle diese Hilfsmittel versagen, wenn wir sie auf die Reihe

$$\sum_1^\infty{}_n \frac{1}{n^k} = 1 + \frac{1}{2^k} + \frac{1}{3^k} + \cdots \ (k > 0)$$

(von welchen wir eben im ersten Beispiel für $x = 1$ schon einen Spezialfall ($k = 1$) hatten) anwenden. Wenn wir diese also noch besonders untersuchen, erhalten wir einen weiteren Vorrat an Vergleichsreihen. Wir beginnen mit der sog. *harmonischen Reihe*

$$\sum_1^\infty{}_n \frac{1}{n} = 1 + \frac{1}{2} + \frac{1}{3} + \cdots$$

Wir betrachten die folgenden Teilsummen: $s_2, s_4, s_8, \ldots, s_{2^n}, \ldots$ Falls wir zeigen können, daß $\lim\limits_{n\to\infty} s_{2^n} = \infty$, so wissen wir damit, daß die harmonische Reihe divergiert. Denn allemal ist $s_{2^n+h} > s_{2^n}$. Es wachsen also mit den speziell betrachteten dann überhaupt alle Teilsummen ins Unendliche. Nun ist aber $s_4 = 1 + \frac{1}{2} + (\frac{1}{3} + \frac{1}{4})$ also größer als $1 + \frac{1}{2} + (\frac{1}{4} + \frac{1}{4}) = 1 + 2 \cdot \frac{1}{2}$. Zu s_4 nehme ich vier neue Glieder hinzu; so erhalte ich s_8. Jedes der neu hinzugekommenen Glieder $\frac{1}{5}, \frac{1}{6}, \frac{1}{7}, \frac{1}{8}$ ist aber nicht kleiner als das letzte, alle vier also größer als $4 \cdot \frac{1}{8}$, also größer als $\frac{1}{2}$. Also ist s_8 größer als $1 + 3 \cdot \frac{1}{2}$. Zu s_1 kommen die acht Glieder $\frac{1}{2}, \ldots \frac{1}{16}$ hinzu. So erhalte ich s_{16}. Keines ist kleiner als das letzte $\frac{1}{16}$, also alle acht zusammen wieder größer als $\frac{1}{2}$. Also ist $s_{16} > 1 + 4 \cdot \frac{1}{2}$. So findet man allgemein $s_{2^n} > 1 + n \cdot \frac{1}{2}$, *also ist die Reihe* $\sum_1^\infty{}_n \frac{1}{n}$ *divergent.*

Daraus schließe ich durch Reihenvergleichung wegen $\frac{1}{n^k} > \frac{1}{n}$ für $k < 1$ allgemein: *Die Reihe* $\sum_1^\infty{}_n \frac{1}{n^k}$ *divergiert für* $k \leqq 1$.

Nun untersuchen wir die gleiche Reihe für $k > 1$. Wir werden finden, daß sie konvergiert. Wir betrachten jetzt die Teilsummen $s_1, s_3, s_7, s_{15}, \ldots s_{2^n-1}$. Da allgemein $s_n \leqq s_{2^n-1}$, so sind alle Teilsummen beschränkt, falls die eben bezeichneten beschränkt sind. Nun aber ist $s_3 = 1 + \frac{1}{2^k} + \frac{1}{3^k}$. Hier ist aber $\frac{1}{3^k} < \frac{1}{2^k}$, also ist $s_3 < 1 + 2\frac{1}{2^k} = 1 + \frac{1}{2^{k-1}}$. Zu s_3 kommen vier Glieder

$\frac{1}{4^k}$ bis $\frac{1}{7^k}$ hinzu. So bekomme ich s_7. Alle vier sind kleiner als das erste $\frac{1}{4^k}$. Also ist ihre Summe kleiner als

$$4 \cdot \frac{1}{4^k} = \frac{1}{4^{k-1}} = \left(\frac{1}{2^{k-1}}\right)^2.$$

So finden wir allgemein

$$s_{2^n-1} < 1 + \frac{1}{2^{k-1}} + \left(\frac{1}{2^{k-1}}\right)^2 + \cdots \left(\frac{1}{2^{k-1}}\right)^{n-1}.$$

Also sind alle s_n kleiner als die Summe der geometrischen Reihe $\sum \left(\frac{1}{2^{k-1}}\right)^n$. Also haben wir: *Die Reihe* $\sum_1^{\infty}{}_n \frac{1}{n^k}$ *konvergiert für* $k > 1$.

§ 5. Alternierende Reihen. Unter einer alternierenden Reihe versteht man eine Reihe, deren Glieder abwechselnd das positive oder das negative Vorzeichen besitzen. Hier gilt der folgende Satz: *Die alternierende Reihe* $u_1 - u_2 + u_3 - \cdots$ *konvergiert sicher dann, wenn* $\lim_{n \to \infty} u_n = 0$ *ist, und wenn für alle* n: $|u_n| \leqq |u_{n-1}|$.

Daß die Reihe höchstens dann konvergieren kann, wenn ihre Glieder den Grenzwert Null haben, ist von S. 36 bekannt. Diese Bedingung ist eben für jede konvergente Reihe erfüllt. Man kann aber aus ihrem Erfülltsein nicht umgekehrt schließen, daß die Reihe konvergiert. Dies lehrt ja schon das im vorigen Paragraphen betrachtete Beispiel der harmonischen Reihe. Sie war die Summe der reziproken ganzen Zahlen, die also gegen Null konvergieren; und doch ist die harmonische Reihe divergent. Um auf die Konvergenz der Reihe schließen zu können, müssen also noch weitere Bedingungen erfüllt sein. Bei alternierenden Reihen — das ist der Sinn unseres Satzes — braucht nur ganz wenig mehr erfüllt zu sein. Die Voraussetzung, daß die absoluten Beträge der Reihenglieder nie zunehmen, d. h. daß jedes Reihenglied dem Betrage nach kleiner oder gleich dem Betrag des vorhergehenden sei, zusammen mit der Annahme abwechselnder Vorzeichen gewährleistet schon die Konvergenz der alternierenden Reihe, falls der Grenzwert der Reihenglieder Null ist. Bei Reihen positiver Glieder reicht, wie wieder die harmonische Reihe lehrt, das monotone Abnehmen der Reihenglieder nicht aus.

Nach diesen Bemerkungen, die den Sinn des Satzes ins rechte Licht setzen sollten, kommen wir zu seinem Beweis. Er wird sehr schön gelingen, wenn wir dabei die Teilsummen auf der Zahlengeraden zur Anschauung bringen. Wir wollen z. B. annehmen, daß das erste Reihenglied positiv ist, und daß alsdann negative und positive Glieder abwechseln. Die erste Teilsumme s_1 ist gleich u_1. Wir tragen diesen positiven Wert auf der Zahlengeraden auf. Um s_2 daraus zu erhalten, haben wir nach links u_2 anzutragen. So erhalten wir ein Intervall von s_2 bis s_1, in dem, wie wir sehen werden, alle folgenden Teilsummen liegen. Um nämlich s_3 zu erhalten, haben wir an s_2 das u_3 nach rechts anzutragen. Damit fügen wir aber weniger hinzu, als wir gerade vorher weggenommen hatten, da die Reihenglieder ständig abnehmen. s_3 liegt also links von s_1, also zwischen s_1 und s_2. Wenn wir nach links nun wieder u_4 antragen, so erhalten wir s_4. Das liegt aber noch rechts von s_2, da wir eben wieder weniger abzogen, als wir gerade vorher zufügten. So weiterfahrend erkennen wir, daß in

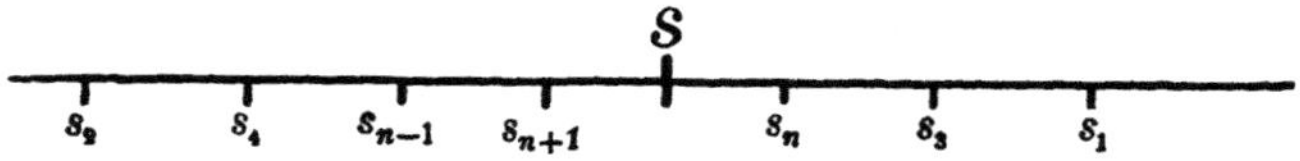

Fig. 11.

dem von zwei aufeinanderfolgenden Teilsummen s_n und s_{n-1} gebildeten Intervall immer alle auf s_n folgenden ihren Platz haben. Je zwei aufeinanderfolgende bilden ein Intervall, dessen Länge ein Reihenglied beträgt. Damit erhalten wir eine Intervallschachtelung (Fig. 11). Ihr innerster Punkt ist der Grenzwert der Teilsummen, also die Summe unserer Reihe. Denn von diesem innersten Punkt sind fast alle Teilsummen um weniger als ein beliebiges Reihenglied verschieden, also auch um weniger als irgendeine vorgegebene Zahl ε. Denn es gibt Reihenglieder kleiner als diese Zahl. Sie streben nämlich gegen Null. Wir erkennen gleichzeitig, daß jede Teilsumme um weniger als den absoluten Betrag ihres letzten Gliedes von der Summe verschieden ist. Die Teilsummen mit gerader Nummer sind zu klein, die mit ungerader Nummer sind zu groß.

Beispiel: $1 - \frac{1}{2} + \frac{1}{3} - \frac{1}{4} + \cdots$ konvergiert.

§ 6. Beliebige Zahlenfolgen und unendliche Reihen. Wir nannten eine *Zahlenfolge konvergent,* wenn sie einen Grenzwert besitzt. Hierüber gilt der folgende *Satz: Die Zahlenfolge* $s_1, s_2, \ldots,$ *konvergiert dann und nur dann, wenn es zu jedem* $\varepsilon > 0$ *eine Zahl* $N(\varepsilon)$ *gibt, so daß für* $n > N(\varepsilon)$ *und beliebiges positives* p *immer* $|s_{n+p} - s_n| < \varepsilon$ *ist. (Allgemeines Konvergenzprinzip.)* Man muß den Sinn dieser Bedingung ganz klar erfassen. Sie ist nicht identisch damit, daß für jedes einzelne p der $\lim\limits_{n\to\infty}(s_{n+p} - s_n) = 0$ sein soll, wenn auch dies natürlich in der obigen Aussage mit enthalten ist. Wir brauchen nur z. B. für die s_n die Teilsummen der harmonischen Reihe zu nehmen. Dann ist $s_{n+p} - s_n = \frac{1}{n+1} + \frac{1}{n+2} + \cdots + \frac{1}{n+p}$. Da aber der Grenzwert einer Summe gleich der Summe der Grenzwerte der Summanden ist, so sieht man, daß für jedes einzelne p der $\lim\limits_{n \to \infty} (s_{n+p} - s_n) = 0$ ist. Um ganz klar zu sehen, warum dies weniger ist als die Bedingung unseres Satzes, sprechen wir das im Beispiel eben Benutzte etwas anders aus. Eben gab es zu jeder Zahl ε und zu jedem $p > 0$ eine Zahl $N(\varepsilon, p)$ (die also von ε *und* von p abhängt), so daß für $n > N(\varepsilon, p)$ immer $|s_{n+p} - s_n| < \varepsilon$ ist. Vorhin aber sollte die Zahl $N(\varepsilon)$ nur von ε abhängen. Es sollte für alle p *dieselbe* Zahl $N(\varepsilon)$ ausreichen, um die Differenz kleiner als ε zu machen. Es kann wohl zu *jedem* p eine besondere solche Zahl N geben, aber wenn dann zu p-Werten, die über alle Grenzen wachsen, N-Werte gehören, die auch über alle Grenzen wachsen, so gibt es eben keine größte unter diesen Zahlen, die für *alle* p ausreichte. Anders ausgedrückt: Wenn $N(\varepsilon, p) < N(\varepsilon)$ *für alle p zugleich* gilt, so kann man für jedes p dies $N(\varepsilon)$ verwenden, und die Folge konvergiert. Es gibt aber nicht immer eine Zahl N, die größer ist als alle $N(\varepsilon, p)$ (nämlich dann nicht, wenn unter diesen beliebig große vorkommen). Dann ist die Folge *divergent*. Damit mag der Sinn unserer Bedingung genügend geklärt sein. Wir kommen zum Beweis des allgemeinen Konvergenzprinzips.

1. Wenn ein Grenzwert existiert, so sei dieser S. Dann sind fast alle s_n um weniger als $\frac{\varepsilon}{2}$ von S verschieden. Es gibt also eine Nummer $N(\varepsilon)$, von der an alle s_n um weniger als $\frac{\varepsilon}{2}$ von S abweichen. Zwei beliebige unter diesen, etwa s_{n+p} und s_n, sind dann um weniger als ε voneinander verschieden. Alles in allem gibt es eine Zahl $N(\varepsilon)$, so daß für $n > N(\varepsilon)$ und beliebiges p immer $|s_{n+p} - s_n| < \varepsilon$ bleibt. Wenn also die Zahlenfolge konvergieren soll, so muß notwendig unsere Bedingung erfüllt sein.

2. Wenn sie aber erfüllt ist, so konvergiert, wie jetzt zu zeigen ist, die Zahlenfolge. Zum Nachweis verwenden wir das Prinzip der Intervallschachtelung. Unsere Bedingung besagt, daß alle s_n mit einer Nummer größer als $N(\varepsilon)$ um weniger als ε von $s_{N(\varepsilon)}$ verschieden sind. Sie liegen also alle im Intervall $s_{N(\varepsilon)} - \varepsilon$ bis $s_{N(\varepsilon)} + \varepsilon$. Man kann also ein Intervall von der Länge 2ε angeben, in dem fast alle s_n liegen. Das geht für jede Zahl $\varepsilon > 0$. Ich wähle daher ein Intervall von der Länge 1, in dem fast alle s_n liegen. Alsdann wähle ich ein Intervall von der Länge $\frac{1}{2}$, in dem gleichfalls fast alle s_n liegen. Dieses Intervall kann unmöglich ganz außerhalb des zuerst bestimmten liegen, weil sonst jedes der Intervalle unendlich viele Zahlen der Folge enthielte, dann also außerhalb des Intervalles von der Länge 1 doch noch unendlich viele der Zahlen lägen; das geht nicht. Die Intervalle müssen sich also wenigstens zum Teil überdecken. Wenn das von der Länge $\frac{1}{2}$

etwas überstehen sollte, so weiß man von vornherein, daß der gemeinsame Teil beider fast alle Zahlen enthalten muß, und nicht der überschießende, denn sonst lägen außerhalb des einen Intervalles unendlich viele Zahlen. In diesem Fall wähle ich als zweites Intervall I_2 der zu konstruierenden Schachtelung den genannten gemeinsamen Teil. Alsdann konstruiere ich ein Intervall von der Länge $\frac{1}{3}$ und wähle dies als I_3, wenn es ganz in I_2 liegt. Anderenfalls wähle ich als I_3 den Teil, den es mit I_2 gemeinsam hat. (Denn der muß nach der Schlußweise von vorhin fast alle Zahlen enthalten.) So fahre ich fort und erhalte eine Intervallschachtelung. Denn die Intervalle liegen ineinander, und ihre Länge konvergiert gegen Null. Der innerste Punkt ist der Grenzwert der Zahlenfolge, wie ohne weiteres einleuchtet.

Anwendung auf unendliche Reihen: Die unendliche Reihe $u_1 + u_2 + \cdots$ sei ganz beliebig, und die s_n seien ihre Teilsummen. Dann ist.

$$s_{n+p} - s_n = u_{n+1} + u_{n+2} + \cdots + u_{n+p}.$$

Die allgemeinste Konvergenzbedingung ist also diese: Es muß zu jedem ε eine Zahl $N(\varepsilon)$ geben, so daß die Summe beliebig vieler aufeinanderfolgender unter den auf $u_{N(\varepsilon)}$ folgenden Reihengliedern dem Betrag nach kleiner ist als dies ε. Mit dieser Bedingung kann man nun anscheinend noch nicht viel anfangen. Denn wie soll man erkennen, ob sie erfüllt ist oder nicht? Trotzdem werden wir gleich sehr nützliche Anwendungen derselben sehen. Ich behaupte nämlich folgenden Satz: *Eine Reihe ist sicher dann konvergent, wenn die Reihe ihrer absoluten Beträge konvergiert.* Denn wenn $|u_1| + |u_2| + \cdots$ konvergiert, so gibt es für jedes ε ein $N(\varepsilon)$, so daß für alle positiven p die Summe $|u_{N+1}| + |u_{N+2}| + \cdots + |u_{N+p}| < \varepsilon$ ist. Nun ist aber

$$|u_{N+1} + u_{N+2} + \cdots + u_{N+p}| \leqq |u_{N+1}| + |u_{N+2}| + \cdots + |u_{N+p}|.$$

Daher ist auch für $n > N(\varepsilon)$ die Differenz $|s_{n+p} - s_n| < \varepsilon$. Die Reihe konvergiert also. Eine Reihe, für welche die Summe der absoluten Beträge konvergiert, heißt *absolut konvergent*. Es ist natürlich nicht jede Reihe absolut konvergent, denn so konvergiert z. B. $1 - \frac{1}{2} + \frac{1}{3} - \frac{1}{4} + \cdots$, während $1 + \frac{1}{2} + \frac{1}{3} + \frac{1}{4} + \cdots$ divergiert. Wir können also nun die im § 4 bei Reihen mit positiven Gliedern gefundenen Kriterien anwenden, um in vielen Fällen die (absolute) Konvergenz einer vorgelegten Reihe zu erkennen.

Aus dem allgemeinen Konvergenzprinzip lassen sich übrigens auch alle in jenem Paragraphen gewonnenen Kriterien erneut ableiten. Wir verzichten darauf. Nur wollen wir noch einmal daran erinnern, daß für jede konvergente Reihe $\lim_{n\to\infty} u_n = 0$ ist. Das folgt aus dem allgemeinen Prinzip für $p = 1$. In diesem Satz ist das gebräuchliche Divergenzkriterium enthalten. *Eine Reihe, deren Glieder nicht den Grenzwert Null haben, divergiert.*

Beispiel: $x - \frac{x^3}{3} + \frac{x^5}{5} - + \cdots$ konvergiert für $|x| \leqq 1$ und divergiert für $|x| > 1$. Hier ist $a_n = (-1)^{n+1} \cdot \frac{x^{2n-1}}{2n-1}$. Also ist $\left|\frac{a_{n+1}}{a_n}\right| = x^2 \cdot \frac{2n-1}{2n+1}$. Der Grenzwert ist x^2. Also für $|x| < 1$ ist die Summe der absoluten Beträge konvergent, die vorgelegte Reihe also auch. Für $|x| > 1$ erkenne ich, daß der Grenzwert des Quotienten größer ist als eins, daß also von einer gewissen Nummer an schon der Quotient größer sein muß als 1. Dann also ist von dieser Nummer an der absolute Betrag eines jeden Reihengliedes größer als der des vorhergehenden. Daher können sie in diesem Fall nicht gegen Null streben. Die Reihe muß also divergieren. Nun bleibt noch $|x| = 1$ zu untersuchen. Für $x = 1$ haben wir eine alternierende Reihe. Die absoluten Beträge ihrer Glieder nehmen ständig ab und konvergieren gegen Null. Also ist die Reihe konvergent. Für $x = -1$ gilt die gleiche Überlegung.

Allgemeines Beispiel: $u_1 + u_2 + \cdots$ sei absolut konvergent. Die absoluten Beträge aller Zahlen $v_1, v_2, \ldots$ seien beschränkt (es gibt also eine Zahl M, unter der sie alle liegen). Dann ist die Reihe $u_1 v_1 + u_2 v_2 + \cdots$ gleichfalls absolut konvergent. Denn alle Teilsummen von $u_1 + u_2 + \cdots$ sind kleiner als die Summe der Reihe der absoluten Beträge der u, etwa U genannt. Dann gilt

$$|u_1 v_1 + u_2 v_2 + \cdots u_n v_n| \leqq |u_1|\,|v_1| + \cdots + |u_n|\,|v_n|$$
$$\leqq M\{|u_1| + |u_2| + \cdots + |u_n|\} \leqq MU.$$

Also sind alle Beträge aller Teilsummen der Reihe $|u_1 v_1| + |u_2 v_2| + \cdots$ kleiner als UM. Die Reihe konvergiert also absolut. Unsere Bedingungen sind z. B. erfüllt, wenn sowohl $\sum |u_n|$ wie $\sum |v_n|$ konvergiert. Denn dann sind alle Glieder der v-Reihe dem Betrag nach kleiner als die Summe ihrer absoluten Beträge. Diese können wir dann als M nehmen.

§ 7. Bedingt und unbedingt konvergente Reihen. Der Wert einer Summe ist von der Reihenfolge der Summanden unabhängig. An diese Regel sind wir vom Rechnen mit endlichen Summen gewöhnt. Wir wollen uns nun die Frage vorlegen, ob die Summe der unendlichen Reihen diese Eigenschaft mit den Summen von endlich vielen Gliedern gemeinsam hat.

Wir fragen zunächst, wie man die Summe zweier unendlicher Reihen bilden kann. Sei etwa $U = u_1 + u_2 + \cdots$ eine erste und

$V = v_1 + v_2 + \cdots$ eine zweite konvergente Reihe, und seien s_n und σ_n die $n$ten Teilsummen der ersten und zweiten unendlichen Reihe. Dann haben wir $U + V = \lim_{n\to\infty} (s_n + \sigma_n)$. Nun ist aber $s_n + \sigma_n$ die $n$te Teilsumme der unendlichen Reihe $(u_1 + v_1) + (u_2 + v_2) + \cdots$ *Diese konvergiert also auch, und ihre Summe ist gleich der Summe der beiden vorgelegten Reihen.*

Wir betrachten nun eine unendliche Reihe $U = u_1 + u_2 + \cdots$ Sie wird positive und negative Glieder enthalten. Die positiven seien der Reihe nach mit $p_1, p_2, \ldots$, die negativen gleichfalls der Reihe nach mit $n_1, n_2, \ldots$ bezeichnet. Wir können aus den positiven Gliedern eine Reihe $p_1 + p_2 + \cdots$ und aus den negativen eine Reihe $n_1 + n_2 + \cdots$ bilden. Wir wollen die Beziehung dieser Reihen zu der vorgelegten untersuchen. Die vorgelegte soll konvergieren. Dann sind folgende Fälle denkbar: 1. Beide Teilreihen konvergieren; 2. eine konvergiert und eine divergiert; 3. beide divergieren. Wir wollen untersuchen, wie weit diese an sich denkbaren Fälle wirklich möglich sind. Jede Teilsumme s_k der u-Reihe besteht aus einer Teilsumme π_{λ_k} der p- und einer Teilsumme ν_{λ_k} der n-Reihe. Es soll also sein $s_k = \pi_{\lambda_k} + \nu_{\lambda_k}$. Wenn nun nur eine der beiden Teilreihen, z. B. die n-Reihe, konvergiert, so sei N ihre Summe. Dann haben wir also sicher $s_k \geqq \pi_{\lambda_k} + N$. Nun wachsen aber die Teilsummen der divergenten p-Reihe über alle Grenzen. Denn sonst müßte diese Reihe von positiven Gliedern konvergieren. Nach der eben festgestellten Ungleichung wachsen also auch die Teilsummen der u-Reihe über alle Grenzen. Diese divergiert also auch. Die zweite Möglichkeit unserer Aufzählung scheidet also für eine konvergente u-Reihe aus.

Wenn die u-Reihe konvergiert, so müssen demnach die p- und die n-Reihe entweder beide konvergieren oder beide divergieren. Beide Fälle können wirklich eintreten. Denn wenn die vorgelegte Reihe, die u-Reihe, absolut konvergiert, so konvergiert natürlich jede Teilreihe auch absolut.[1]) Namentlich konvergiert also die Reihe der positiven und die der negativen Glieder. Umgekehrt, wenn diese beiden konvergieren, so ist nach der Betrachtung zu Beginn des Paragraphen der Wert der u-Reihe die Summe beider. Bilden wir statt dessen die Differenz beider, so konvergiert diese auch und ist weiter nichts als die Summe der absoluten Beträge der u-Reihe.

Auch der andere Fall, daß beide Reihen divergieren, kann eintreten, und zwar werden wir nach den bisher angestellten Betrachtungen erwarten, daß er dann eintritt, wenn eine kon-

---

1) Denn die Summe der absoluten Beträge irgendwelcher Reihenglieder ist kleiner als die Summe der absoluten Beträge aller.

vergente Reihe nicht absolut konvergiert. Ein Beispiel gibt die Reihe

$$\tfrac{1}{2} - \tfrac{1}{3} + \tfrac{1}{4} - \tfrac{1}{5} + \cdots$$

Die zugehörige p-Reihe ist

$$\tfrac{1}{2} + \tfrac{1}{4} + \tfrac{1}{6} + \cdots$$

Daß sie divergiert, erkennt man daraus, daß ihre Glieder durch Halbierung der Glieder der harmonischen Reihe entstehen. Auch die n-Reihe muß divergieren. Sie ist $-\frac{1}{3} - \frac{1}{5} - \cdots$ Ihre Glieder sind jeweils dem Betrag nach größer als die entsprechenden Glieder der Reihe $\frac{1}{4} + \frac{1}{6} + \cdots$, die natürlich wie die p-Reihe, von der sie ein Stück ist, divergiert.

Beispiel: Aus unseren Betrachtungen folgt, daß eine konvergente Reihe, die nur endlich viele Glieder vom einen der beiden Vorzeichen enthält, absolut konvergiert. Denn sonst müßten beide Teilreihen, also auch die endliche, divergieren. Diese letztere ist aber sicher konvergent.

Wie weit darf man nun in einer konvergenten Reihe die Glieder umordnen, ohne dadurch den Wert der Summe zu ändern? Wir wollen zunächst feststellen, daß die Summe einer nicht absolut konvergenten Reihe durch passendes Umstellen der Reihenglieder beeinflußt werden kann. Wir bemerken dazu, daß wegen der Konvergenz der u-Reihe die Glieder der p- und die der n-Reihe gegen Null konvergieren. Da beide Reihen divergieren, gibt es in beiden beliebig große Teilsummen, da sie sonst wegen des gleichen Vorzeichens aller Glieder konvergieren müßten. Nach dieser Vorbemerkung wollen wir zeigen, daß bei passender Anordnung der Glieder die u-Reihe jeden beliebigen Wert erhalten kann. Der Gedankengang wird genügend klar werden, wenn wir zeigen, wie wir durch passende Anordnung ihrer Glieder der Reihe

$$1 - \tfrac{1}{2} + \tfrac{1}{3} - \cdots$$

den Summenwert eins verschaffen können. Diesen hat sie in der eben aufgeschriebenen Anordnung sicher nicht. Denn nach § 2 liegt ja die Summe dieser alternierenden Reihe immer zwischen zwei aufeinanderfolgenden Teilsummen, also z. B. zwischen $\frac{1}{2}$ und $\frac{5}{6}$, kann also nicht eins sein. Um eine Reihe mit der Summe eins zu erhalten, ordnen wir die Glieder so an, daß die Teilsummen der neuen Anordnung alle in den Intervallen einer Intervallschachtelung mit dem innersten Punkt eins liegen. Gewisse jetzt näher zu bezeichnende Teilsummen liefern die Endpunkte der Intervallschachtelung. Ein jedes Intervall ist von zwei Teilsummen s_h und s_k der neuen Reihe begrenzt. Diejenigen neuen Teilsummen, deren Nummern zwischen h und k liegen, gehören diesem Intervall an. Wir wählen als erstes Glied 1, als zweites $\frac{1}{3}$. Dann ist $s_2 = \frac{4}{3}$, also größer als 1. Als drittes Glied nehmen wir

$-\frac{1}{2}$, so wird $s_3 = \frac{5}{6}$, also wieder kleiner als 1. Damit eine spätere Teilsumme wieder größer als eins wird, nehmen wir nun wieder positive Glieder, so wie sie in der u-Reihe nacheinander kommen, ohne eines zu vergessen, und zwar so viele, daß dadurch die Teilsumme gerade wieder größer als eins wird. Hier genügt es, $\frac{1}{5}$ zu nehmen. Dann wird $s_4 = \frac{31}{30}$. Dann kommen wieder einige negative Glieder, doch nicht mehr als nötig sind, um die Teilsumme gerade kleiner als eins zu machen. Sie wird also höchstens um den Betrag des letzten dabei verwendeten Gliedes unter eins herunter sinken. Beim nächsten Schritt steigt sie wieder über eins, jedoch nicht mehr als um den Betrag des letzten Gliedes. Da aber die Beträge der Glieder gegen Null konvergieren, so konvergieren auch die Unterschiede der Teilsummen der umgeordneten Reihe von eins gegen Null. Also ist eins die Summe der umgeordneten Reihe. Denn diejenigen Teilsummen der neuen Reihe, bei deren Nummer ein Vorzeichenwechsel der Reihenglieder stattfindet, begrenzen die Intervalle der vorhin erwähnten Schachtelung. So wie eins können wir ihr, wie man sieht, jeden beliebigen Summenwert verschaffen.

So haben wir eine merkwürdige, bei endlichen Reihen gar nicht gewohnte Eigenschaft mancher unendlichen Reihen kennen gelernt. *Die Summe einer unendlichen Reihe ist von der Reihenfolge der Glieder abhängig immer dann, wenn die Reihe zwar konvergiert, aber nicht absolut konvergiert.* Eine Reihe, deren Summe sich durch Umstellen der Glieder ändert, heißt *bedingt konvergent*; bleibt sie bei beliebigem Umstellen wie bei endlichen Reihen ungeändert, so heißt die Reihe *unbedingt konvergent*. Wir wissen also jetzt schon, *daß jede unbedingt konvergente Reihe auch absolut konvergieren muß.*

Bemerkung: Bei gewissen Umstellungen bleibt natürlich jede Reihe ungeändert. Wenn z. B. durch eine Umstellung fast alle Teilsummen ungeändert bleiben, so bleibt deren Grenzwert natürlich auch derselbe. Denn eine Abänderung endlich vieler Glieder einer Zahlenfolge beeinflußt den Grenzwert derselben nicht. Wenn wir also z. B. die 100 ersten Glieder untereinander irgendwie vertauschen, so bleiben alle Teilsummen mit höherer Nummer ungeändert.

Wir wollen nun umgekehrt zeigen, *daß eine jede absolut konvergente Reihe auch unbedingt konvergiert.* Sei $U = u_1 + u_2 + \cdots$ eine absolut konvergente Reihe und S ihre Summe, s_k ihre Teilsummen. Dann ist die Summe der absoluten Beträge von irgendwelchen Gliedern der Reihe kleiner als die Summe der absoluten Beträge aller. Ordnen wir die Reihe nun irgendwie um, etwa zu $u_{\lambda_1} + u_{\lambda_2} + \cdots$, so seien σ_k die Teilsummen. Die neue Reihe konvergiert auch absolut. Denn die Summe der absoluten Beträge von irgendwelchen Gliedern liegt, ja wie wir sahen, unter einer festen Grenze. Sei Σ die Summe der umgeordneten Reihe. Wir wollen zeigen, daß $S = \Sigma$. Dazu bestimme ich eine Zahl $N(\varepsilon)$, so daß für $n > N(\varepsilon)$ und beliebiges p immer $|s_{n+p} - s_n| < \frac{\varepsilon}{3}$, also auch $|S - s_n| \leqq \frac{\varepsilon}{3}$ ist und daß mit diesem $N(\varepsilon)$ die gleichen Ungleichungen auch für die Summe der absoluten Beträge gelten. (Haben wir $N(\varepsilon)$ so gewählt, daß dies für die Summe der absoluten Beträge zutrifft, so ist es mit diesem $N(\varepsilon)$ für die u-Reihe erst recht der Fall.) Nun sei $n > N(\varepsilon)$. Ferner sei σ_v eine beliebige Teilsumme der umgeordneten Reihe, die alle Glieder von s_n enthält und die noch weitere Glieder enthalten kann. Die Differenz $\sigma_v - s_n$ enthält also nur Glieder von höherer Nummer als $N(\varepsilon)$. Die Summe beliebig vieler solcher ist aber nach unserer Annahme dem Betrag nach kleiner als $\frac{\varepsilon}{3}$. Also haben wir $|\sigma_v - s_n| < \frac{\varepsilon}{3}$. Endlich will ich v so groß wählen, daß $|\Sigma - \sigma_v| < \frac{\varepsilon}{3}$. Das geht wegen der Konvergenz der umgeordneten Reihe. Nun haben wir

$$|S - \Sigma| = |S - s_n + s_n - \sigma_v + \sigma_v - \Sigma| \leqq |S - s_n| + |s_n - \sigma_v| + |\sigma_v - \Sigma| < \varepsilon.$$

Da ε beliebig ist, so folgt hieraus, daß die Differenz $S - \Sigma$ dem Betrag nach kleiner ist als eine beliebige positive Zahl, sie ist also Null. Also ist $S = \Sigma$.

§ 8. Die Multiplikation der absolut konvergenten Reihen. Wir haben zu Beginn des vorigen Paragraphen gesehen, wie man Reihen addiert. Nun wollen wir sehen, wie wir sie miteinander multiplizieren können. Die Betrachtung wird dabei aber auf absolut konvergente Reihen beschränkt bleiben. Es seien $U = u_0 + u_1 + \cdots$ und $V = v_0 + v_1 + \cdots$ zwei absolut konvergente Reihen. s_n und σ_n seien Teilsummen. Für das Produkt Π ist aber $\Pi = \lim_{n \to \infty} s_n \sigma_n$.[1]) Es wird alles darauf ankommen, das Produkt in möglichst handlicher Form wieder in Reihenform zu bekommen. Wir schreiben die Glieder, aus welchen $s_n \sigma_n$ besteht, im folgenden quadratischen Schema auf:

---

1) Man hat natürlich auch $\Pi = \lim_{n \to \infty} s_n \cdot v = u_0 v + u_1 v + \cdots$ Hier ist aber jedes Reihenglied $u_n \cdot v$ selbst wieder eine unendliche Reihe, während bei der im Text gegebenen Lösung jedes Reihenglied aus nur endlich vielen Summanden besteht. Darin hat man einen Vorzug zu sehen.

$$\begin{aligned} s_n \sigma_n = {} & u_0 v_0 + u_0 v_1 + u_0 v_2 + \cdots + u_0 v_n \\ & + u_1 v_0 + u_1 v_1 + u_1 v_2 + \cdots + u_1 v_n \\ & + u_2 v_0 + u_2 v_1 + u_2 v_2 + \cdots + u_2 v_n \\ & \cdots\cdots\cdots\cdots\cdots\cdots \\ & + u_n v_0 + u_n v_1 + u_n v_2 + \cdots + u_n v_n . \end{aligned}$$

Wir wollen sie uns nun so aufschreiben, daß wir immer zusammennehmen, was in einer von rechts oben nach links unten laufenden Diagonalen steht, also so:

$$\begin{aligned} s_n \sigma_n = {} & u_0 v_0 + (u_0 v_1 + u_1 v_0) + (u_0 v_2 + u_1 v_1 + u_2 v_0) + \cdots \\ & + \cdots \qquad + (u_0 v_n + u_1 v_{n-1} + u_2 v_{n-2} + \cdots \\ & \qquad\qquad + u_n v_0) \\ & + \begin{pmatrix} & & & + u_1 v_n \\ & & + u_2 v_{n-1} & + u_2 v_n \\ & + u_3 v_{n-2} & + u_3 v_{n-1} & + u_3 v_n \\ \cdots & \cdots & \cdots & \cdots \\ + u_n v_1 + u_n v_2 \cdots & & & + u_n v_n \end{pmatrix}, \end{aligned}$$

oder abgekürzt $\qquad s_n \sigma_n = A_n + B_n .$

Was unter der längsten dieser Diagonalen steht, haben wir in die letzte Klammer zusammengefaßt und durch B_n abgekürzt bezeichnet. Gehen wir hier zur Grenze $n \to \infty$ über, so bekommen wir den Wert des Produktes. Wir schreiben einmal versuchsweise $\Pi = \lim A_n + \lim B_n$, müssen uns aber darüber klar sein, daß das erst dann gerechtfertigt ist, wenn wir gezeigt haben, daß beide Grenzwerte existieren. Was nun zunächst den ersten der beiden anlangt, so bilden die A_n genannten Ausdrücke die Teilsummen einer gewissen unendlichen Reihe. Der absolute Betrag einer jeden solchen Teilsumme ist kleiner als die Summe der absoluten Beträge, also kleiner als der analoge Ausdruck, den wir erhalten hätten, wenn wir alles für die Reihen der absoluten Beträge aufgeschrieben hätten. Da dann aber unter dem ersten Limes nur ein Teil der bei der Multiplikation der Teilsummen erhaltenen Ausdrücke steht, so ist unser Ausdruck A_n kleiner als das Produkt $\sum_0^n |u_\varkappa| \sum_0^n |v_\varkappa| < \sum_0^\infty |u_\varkappa| \sum_0^\infty |v_\varkappa| = U \cdot V$. Also konvergiert die Reihe, deren Teilsummen mit A_n bezeichnet wurden, absolut. Der erste Grenzwert $\lim\limits_{n \to \infty} A_n$ existiert also. Da aber links eine bestimmte Zahl steht, so muß auch der zweite Grenzwert $\lim\limits_{n \to \infty} B_n$ existieren. Wir wollen zeigen, daß er Null ist. Dann wird das

Produkt durch die eben untersuchte absolut konvergente Reihe geliefert. Die Glieder in der letzten Klammer sind nun aber ein Teil der Glieder der eben betrachteten absolut konvergenten Reihe, welche die Teilsumme A_n zur Teilsumme A_{n^2} ergänzen. Also muß von einem gewissen n an ihre Summe unter einer beliebig gegebenen Schranke liegen. Der zweite Grenzwert ist also Null. Wir finden so für das Produkt zweier absolut konvergenten Reihen den folgenden Wert:

$$U \cdot V = u_0 v_0 + (u_0 v_1 + u_1 v_0) + (u_0 v_2 + u_1 v_1 + u_2 v_0) + \cdots$$

Beispiel: $(1 + x + x^2 + \cdots)^2 = 1 + 2x + 3x^2 + \cdots = \frac{1}{(1-x)^2}$, was man auch direkt bestätigen kann, indem man ausrechnet

$$\begin{aligned}(1 - 2x + x^2)(1 + 2x + 3x^2 + \cdots) &= 1 + 2x + 3x^2 + 4x^3 + \cdots \\ &\qquad - 2x - 4x^2 - 6x^3 - \cdots \\ &\qquad\qquad + x^2 + 2x^3 + \cdots \\ &= 1.\end{aligned}$$

Also ist $$1 + 2x + 3x^2 + \cdots = \frac{1}{(1-x)^2}.$$

§ 9. Die Berechnung der Summe unendlicher Reihen. Die bisher angestellten Betrachtungen bieten zunächst nur theoretisches Interesse. Denn wenn man praktisch den Wert einer unendlichen Reihe ausrechnen soll, so wird man genau wie bei den unendlichen Dezimalbrüchen — diesen speziellen unendlichen Reihen — nach einer gewissen Zahl von Gliedern abbrechen und so den Wert der Teilsummen als Näherungswert der Reihensumme auffassen. Dies hat aber natürlich nur dann einen Sinn, wenn man beurteilen kann, wie genau die so benutzten Näherungswerte sind. Bei den endlichen Dezimalbrüchen weiß man z. B., daß der Wert jedes Näherungsbruches höchstens um eine Einheit der letzten Ziffer vom genauen Wert abweichen kann. Im allgemeinen Fall bieten uns die in den vorigen Paragraphen angestellten Betrachtungen bei geringer Abänderung sofort ein Mittel, die Genauigkeit einer Näherung zu beurteilen. Wir schreiben $S = s_n + r_n$. Dabei nennen wir r_n den $n$ten Rest. Sein Wert $r_n = u_{n+1} + u_{n+2} + \cdots$ ist der genaue Unterschied zwischen Näherung und genauem Wert. Es handelt sich darum, die Größe dieses Fehlers, den absoluten Betrag von r_n, zu beurteilen. Eine besonders bequeme Methode dazu bietet sich im Falle der alternierenden Reihe, wo wir schon auf S. 41 sahen, daß der Wert einer jeden Teilsumme höchstens um das folgende Reihenglied von der Reihensumme verschieden ist. Das erste Glied des Restes also gibt uns schon eine Abschätzung des Fehlers im Falle der alternierenden Reihe. Er ist absolut kleiner als jenes. Ist zudem das erste Glied positiv, so war die Teilsumme zu klein; ist es aber negativ, so war die Teilsumme zu groß. Im allgemeinen Falle ist natürlich der Fehler nicht immer kleiner als das erste Glied des Restes. Dies lehrt jede Reihe mit positiven Gliedern, wie z. B. die geometrische Reihe, deren Rest

$$x^n + x^{n+1} + \cdots = x^n \cdot \frac{1}{1-x}$$

für $0 < x < 1$ größer als x^n ist. Man muß jetzt etwas anders vorgehen, um die Größe des Restes zu beurteilen, z. B. so: Man weiß ohne weiteres, daß

$$|r_n| \leqq |u_{n+1}| + |u_{n+2}| + \cdots$$

Nach dem Prinzip der Reihenvergleichung ersetzen wir die Reihe rechts durch eine andere mit größeren Gliedern, die wir bequem summieren können. Dann ist der Wert von $|r_n|$ kleiner als die Summe dieser Reihe. Wir wollen z. B. die Summe

$$2 + \frac{1}{2!} + \frac{1}{3!} + \cdots + \frac{1}{n!} + \cdots$$

näherungsweise ausrechnen. Wir finden

$$\begin{aligned} r_n &= \frac{1}{(n+1)!} + \frac{1}{(n+2)!} + \cdots \\ &= \frac{1}{(n+1)!}\left(1 + \frac{1}{n+2} + \frac{1}{(n+2)(n+3)} + \cdots\right). \end{aligned}$$

Diese Reihe ist kleiner als die folgende:

$$\frac{1}{(n+1)!}\left(1 + \frac{1}{n+2} + \left(\frac{1}{n+2}\right)^2 + \cdots\right).$$

Also kleiner als $\frac{n+2}{n+1} \cdot \frac{1}{(n+1)!}$. Wenn wir also nur 9 Glieder summieren, so wird der Fehler höchstens $\frac{1}{3} \cdot \frac{1}{10^6}$. Wir können die Summe auf Hauptnenner bringen; wir können aber auch in einen Dezimalbruch entwickeln. Brechen wir da nach einer gewissen Stelle ab, etwa nach der sechsten, so bekommt jedes von 7 Gliedern noch einen Fehler von höchstens $\frac{1}{10^6}$. Addieren wir die 10 ersten Dezimalbrüche, so haben wir in 2,718277 den Wert unserer Reihe um höchstens $\frac{1}{10^5}$ zu klein. 4 Ziffern nach dem Komma sind also sicher richtig; die fünfte stimmt nicht mehr. Eine genauere Rechnung liefert für sie eine 8.

Wir betrachten als zweites Beispiel $\sum \frac{1}{n^2}$. Ihr Rest ist $\frac{1}{n^2} + \frac{1}{(n+1)^2} + \cdots$ Dieser ist kleiner als

$$\frac{1}{(n-1)n} + \frac{1}{n(n+1)} + \frac{1}{(n+1)(n+2)} + \cdots$$
$$= \left(\frac{1}{n-1} - \frac{1}{n}\right) + \left(\frac{1}{n} - \frac{1}{n+1}\right) + \cdots = \frac{1}{n-1}.$$

Andererseits ist der Rest größer als

$$\frac{1}{n(n+1)} + \frac{1}{(n+1)(n+2)} + \cdots$$
$$= \left(\frac{1}{n} - \frac{1}{n+1}\right) + \left(\frac{1}{n+1} - \frac{1}{n+2}\right) + \cdots = \frac{1}{n}.$$

Hat man also z. B. alle Glieder bis zu $\frac{1}{(999)^2}$ zusammengezählt, so hat man die Reihensumme erst bis auf einen Fehler berechnet, der zwischen $\frac{1}{999}$ und $\frac{1}{1000}$ liegt. Um also nur drei Dezimalen der Summe zu sichern, hat man 1000 Reihenglieder nötig. Die Berechnung der Reihensumme ist also nach dieser Methode nicht durchführbar. Wir werden im zweiten Band zugkräftigere Methoden kennenlernen.

IV. Stetige Funktionen.

§ 1. Grenzwerte von Funktionen. Bisher haben wir den schon auf S. 17/19 definierten Grenzbegriff im wesentlichen nur auf solche Funktionen angewandt, welche nur für einzelne diskontinuierlich verteilte Werte der unabhängigen Variabeln erklärt waren, nämlich auf Zahlenfolgen. Die einzelne Zahl der Folge haben wir dabei als Funktion ihrer Nummer aufgefaßt und den Grenzwert untersucht, welchem diese Funktion bei ins Unendliche wachsender unabhängiger Variablen, nämlich ihrer Nummer, zustrebte. Jetzt wollen wir zu Funktionen übergehen, die in einem gegebenen Intervalle der unabhängigen Variablen überall erklärt sind. Wir können dann den Grenzwert der Funktion bei Annäherung der unabhängigen Variablen an eine endliche oder bei Annäherung an eine unendliche Stelle untersuchen. Nach dem, was wir bisher gemacht haben, liegt es am nächsten, mit der Annäherung an eine unendliche Stelle zu beginnen. Wir betrachten so eine Funktion, die für alle Werte von $x > M$ erklärt sein möge. Dann soll x durch positive Werte ins Unendliche wachsen. (Es ist keine Beschränkung der Allgemeinheit, wenn wir diesen Fall allein betrachten. Der andere, wo x durch negative Werte ins Unendliche geht, wird genau ebenso behandelt.) *Wenn wir dann zu jeder positiven Zahl* ε *ein* $N(\varepsilon)$ *bestimmen können, so daß für alle* $x > N(\varepsilon)$ *immer* $|f(x) - A| < \varepsilon$ *bleibt, so schreiben wir* $\lim_{x \to \infty} f(x) = A$. Für den so erklärten Limesbegriff gelten natürlich nach wie vor alle auf S. 20/21 f. abgeleiteten Regeln. Es ist also namentlich der Limes einer Summe gleich der Summe der Einzellimites, der Limes eines Produktes gleich dem Produkt der Einzellimites, der Limes eines Quotienten gleich dem Quotient der Einzellimites, wofern alle Einzellimites existieren und wofern der Limes des Nenners nicht verschwindet. (Denn dann könnten nach wie vor z. B. Zähler und Nenner beide den Limes Null haben. $\frac{0}{0}$ aber hat keinen Sinn. Hat aber nur der Nenner den Grenzwert Null und der Zähler einen von Null verschiedenen endlichen oder unendlichen Grenzwert, dann wächst der ganze Ausdruck über alle Grenzen.)

Beispiele: $$\lim_{x \to \infty} \frac{2x}{5x+8} = \lim_{x \to \infty} \frac{2}{5 + \frac{8}{x}} = \frac{2}{5}.$$

$$\lim_{x \to \infty} (x - \sqrt{x^2 - 5}) = \lim_{x \to \infty} \frac{x^2 - x^2 + 5}{x + \sqrt{x^2 - 5}} = 0.$$

$$\lim_{x \to \infty} \frac{\sin x}{x} = 0.$$

Dies letztere sieht man am besten ein, wenn man beachtet, daß $-\frac{1}{x} \leqq \frac{\sin x}{x} \leqq \frac{1}{x}$, oder geometrisch, daß die Kurve $y = \frac{\sin x}{x}$ zwischen den beiden Hyperbeln $y = \frac{1}{x}$ und $y = -\frac{1}{x}$ verläuft, die sich beide asymptotisch der x-Achse nähern. Die zu untersuchende Funktion ist also jeweils um weniger als jede der beiden Hyperbelordinaten der gleichen Abszisse von Null verschieden. Die Produktregel der Limesberechnung kann man hier nicht anwenden, da der eine Faktor $\sin x$ für $x \to \infty$ keinen Grenzwert hat. Denn $\sin x$ schwankt immer zwischen -1 und $+1$ hin und her. Gleichwohl existiert der Limes des Produktes $\frac{1}{x} \sin x$ und ist Null.

Nun betrachten wir eine in einem endlichen Intervall $a < x < b$ überall erklärte Funktion. Wenn sich bei Annäherung von x an eine Stelle c des Intervalles $f(x)$ unbegrenzt dem Werte A nähert, so schreiben wir $\lim_{x \to c} f(x) = A$. Schärfer erklären wir also: *Wenn sich zu jeder positiven Zahl* ε *ein* $\delta(\varepsilon)$ *bestimmen läßt, so daß für alle dem Intervalle angehörigen und von* c *verschiedenen* x*-Werte,* *für welche* $|x - c| < \delta(\varepsilon)$ *ist, auch immer* $|f(x) - A| < \varepsilon$ *bleibt, so schreiben wir* $\lim\limits_{x \to c} f(x) = A$.

Den Zusatz „für alle dem Intervall angehörigen x-Werte" haben wir hier gemacht, weil ersichtlich nicht alle x-Werte, die um $\delta(\varepsilon)$ nach der einen oder der anderen Seite von c abstehen, dem Intervalle $a < x < b$ anzugehören brauchen; es sollen immer nur die gemeint sein, für welche wir die Funktion als erklärt ansehen, die also dem vorgelegten Intervalle angehören. Dieser Fall wird namentlich dann zu berücksichtigen sein, wenn wir den Grenzwert der Funktion bei Annäherung an das Intervallende oder den Intervallanfang untersuchen.

Den Zusatz „und von c verschiedenen" haben wir gemacht, weil in genauer Übertragung des bei Annäherung an einen unendlichen x-Wert Gesagten ganz außer Betracht bleibt, ob und wie die Funktion $f(x)$ für $x = c$ erklärt ist. Es handelt sich um eine Eigenschaft der Funktion an den *Nachbarstellen* von $x = c$ und *nicht* um eine Eigenschaft von $f(x)$ für $x = c$ *selbst*. Daher legten wir auch ein offenes Intervall zugrunde, in dem wir die Funktion als erklärt ansehen. Wir könnten statt dessen auch irgendeine Punktmenge zugrunde legen und das Verhalten der Funktion bei Annäherung an einen ihrer Häufungspunkte untersuchen. Indessen genügt uns der oben gegebene Wortlaut.

Die allgemeinen Rechenregeln für Grenzübergänge gelten natürlich auch hier ohne Einschränkung.

Beispiel: $\lim\limits_{x \to 0} \frac{\sin x}{x} = 1$. Wir deuten auch hier wieder x im Bogenmaß.[1]) Da immer $\frac{\sin(-x)}{-x} = \frac{\sin x}{x}$, so können wir uns auf positive x-Werte beschränken. Man entnimmt der umstehenden Fig. 12 ohne weiteres, daß die Sehne $2 \sin x$ kürzer ist als der Bogen $2x$. Das liefert also $\frac{\sin x}{x} < 1$. Aus der Fig. 12 ersieht man weiter, daß $2 \operatorname{tg} x > 2x$. Also ist $\frac{\sin x}{x} > \cos x$. Daher haben wir jetzt die doppelte Ungleichung $\cos x < \frac{\sin x}{x} < 1$. Daraus entnimmt man

$$0 < 1 - \frac{\sin x}{x} < 1 - \cos x = 2 \sin^2 \frac{x}{2} < 2 \frac{x^2}{4} = \frac{x^2}{2}.$$

Also ist $1 - \frac{\sin x}{x} < \frac{x^2}{x}$. Daher ist für $|x| < \sqrt{2\varepsilon} = \delta(\varepsilon)$ immer $\left|1 - \frac{\sin x}{x}\right| < \varepsilon$, d. h. $\lim\limits_{x \to x} \frac{\sin x}{x} = 1$.

---

1) Siehe die Fußnote auf S. 5.

Diese Betrachtungen haben uns bisher nur gelehrt, wie man erkennen kann, *ob* eine vorgelegte Zahl A Limes einer Funktion ist oder nicht. Dazu muß nun noch genau wie bei Zahlenfolgen oder unendlichen Reihen eine Untersuchung kommen, *wie* man erkennt, ob eine vorgelegte Funktion bei Annäherung an eine bestimmte Stelle einen Grenzwert hat oder nicht. Auch hier läßt sich alles, was wir bei unendlichen Zahlenfolgen sagten, übertragen.

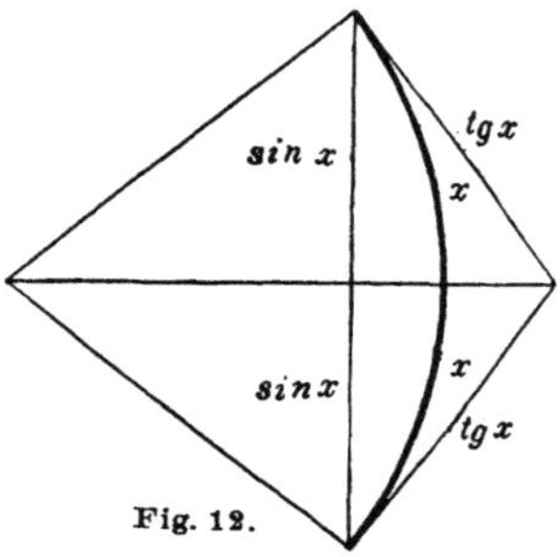

Fig. 12.

Wir übertragen zunächst unsere Resultate über stets wachsende Zahlenfolgen. *Es sei eine Funktion* $f(x)$ *im Intervall* $a < x < b$ *erklärt, und sie möge von* $x = c$ *an bei Annäherung an* b *stets wachsen. Sie soll dabei aber doch unter einer festen Grenze* M *bleiben. Dann existiert* $\lim\limits_{x \to b} f(x)$. Den Beweis können wir auf die Betrachtung einer unendlichen Zahlenfolge zurückführen. Ich bestimme eine unendliche Folge von wachsenden Abszissen x_1, $x_2, \ldots$, deren Grenzwert b ist. Ich kann dazu z. B. $x_n = b - \frac{1}{n}$ setzen. Die zugehörigen Funktionswerte seien $y_1, y_2, \ldots$ Dann ist dies eine stets wachsende Zahlenfolge, die unter M bleibt. Sie hat einen Grenzwert A. Dies A ist nun zugleich der Grenzwert der Funktion, wenn sich x, beliebige Abszissenwerte des Intervalles durchlaufend, also wachsend, dem Intervallende nähert. Denn daß $\lim\limits_{n \to \infty} y_n = A$ ist, besagt doch, daß für $n > N(\varepsilon)$ immer $|y_n - A| < \varepsilon$ bleibt. Hier ist nun aber $y_n = f(x_n)$. Also ist $|f(x_n) - A| < \varepsilon$. Betrachte ich nun aber einen beliebigen x-Wert zwischen x_n und b, so liegt $f(x)$ zwischen $f(x_n)$ und A. Denn zunächst ist jedenfalls $f(x) \geqq f(x_n)$, da die Funktion immer wächst. Es ist aber auch $f(x)$ nicht größer als A. Denn wenn sonst x_m eine Zahl der Folge wäre größer als x, so müßte auch $f(x_m) > f(x) > A$ sein, was nicht zutrifft. Also habe ich nun $|f(x) - A| < \varepsilon$, sobald $|x - b| < |x_n - b| = \delta(\varepsilon)$. Also ist $\lim\limits_{x \to b} f(x) = A$.

Diesem Satz können wir noch einige ähnliche an die Seite stellen. Auch dann existiert ein Grenzwert, wenn bei Annäherung an das Intervallende oder den Intervallanfang die Funktion ständig abnimmt, aber nicht unter eine gewisse Grenze heruntersinkt. (Die negative Funktion ist nämlich dann eine stets wachsende.) Auch für die Annäherung an einen inneren Punkt c des Intervalls können wir ähnliche Sätze aufstellen. Wir müssen uns aber dabei auf eine Annäherung durch stets wachsende *oder* durch stets abnehmende Werte von x beschränken. Meint man die Annäherung von rechts, so schreibt man $\lim\limits_{x\to c+0} f(x) = A$, meint man die von links, so schreibt man $\lim\limits_{x\to c-0} f(x) = A$.[1]) Daß hier für *monotone* (das ist der gemeinsame Name für stets wachsende und stets abnehmende) Funktionen dieselben Sätze gelten wie eben bei Annäherung an das Intervallende, erkennt man sofort, wenn man die Betrachtung auf ein Intervall beschränkt, dessen Anfang oder dessen Ende eben $x = c$ ist. Alles Gesagte wird man auch für $x \longrightarrow \infty$ bei passender Änderung des Wortlautes ohne weiteres übertragen können.

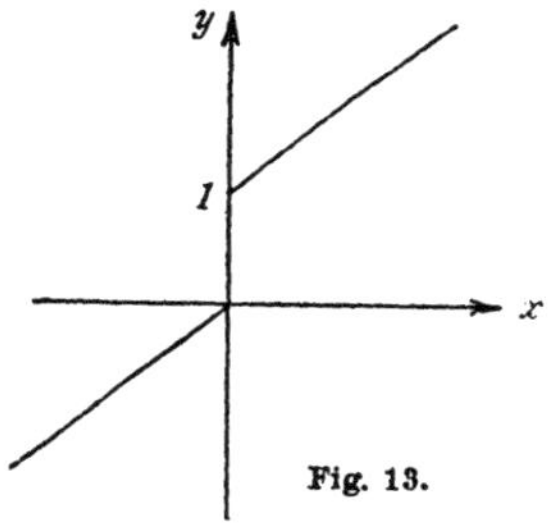

Fig. 13.

Noch vor einem Irrtum sei gewarnt. Man kann nicht behaupten, daß eine Funktion, die stets wächst, wenn x den Wert c aus dem Intervallinneren passiert, für $\lim\limits_{x\to c}$ einen Grenzwert besitzt. Denn auch durch

$$y = x \quad \text{für} \quad x \leqq 0, \qquad y = x + 1 \quad \text{für} \quad x > 0$$

ist eine monotone, hier gleichzeitig geometrisch dargestellte (Fig. 13) Funktion erklärt. Man sieht ohne weiteres, daß $\lim\limits_{x\to -0} f(x) = 0$ und daß $\lim\limits_{x\to +0} f(x) = +1$. Aber der Grenzwert $\lim\limits_{x\to 0} (fx)$ existiert nicht, in dem Sinne, daß $|f(x) - A| < \varepsilon$, sobald $|x| < \delta(\varepsilon)$. Denn dann müßte es eine Zahl A geben, die sowohl von 0 wie von 1 beliebig wenig verschieden wäre. Diese Sätze gelten also nur für rechtsseitige und für linksseitige Annäherung, nicht für beliebige Grenzübergänge.

Anders ist es mit dem *allgemeinen Konvergenzprinzip*, das sich auch übertragen läßt. Es lautet jetzt so:

Der Grenzwert $\lim\limits_{x\to a} f(x)$ *existiert dann und nur dann, wenn zu jeder positiven Zahl* ε *ein* $\delta(\varepsilon)$ gehört, so daß für alle $x_1 \neq a$ *und* $x_2 \neq a$ *aus dem Intervall* $|x - a| < \delta(\varepsilon)$ *immer* $|f(x_1) - f(x_2)| < \varepsilon$ *bleibt.*

Wir zeigen zunächst, daß die hier ausgesprochene Bedingung erfüllt ist, sobald ein Grenzwert existiert. Denn dann kann man um a ein Intervall abgrenzen, in dem alle Funktionswerte um weniger als $\frac{\varepsilon}{2}$ vom Grenzwert verschieden sind. Dann sind irgend

1) Eigentlich hätten wir vorhin $\lim\limits_{x\to b-0}$ schreiben müssen. Da aber damals andere x-Werte als die aus dem Intervalle nicht in Betracht kamen, pflegt man dort so zu schreiben, wie es geschah.

zwei derselben um weniger als ε voneinander verschieden. Wenn aber umgekehrt die Bedingung erfüllt ist, so folgt daraus auch die Existenz des Grenzwertes. Denn dann gibt es um a ein Intervall, in dem alle Funktionswerte um weniger als $\frac{1}{10}$ voneinander abweichen. Dann gibt es um a ein Teilintervall des eben konstruierten, in dem alle Funktionswerte um weniger als $\frac{1}{10^2}$ voneinander abweichen usw. Um nun die Existenz des Grenzwertes einzusehen, betrachten wir die Intervalle der y-Achse, in welche für die eben konstruierten Intervalle die Funktionswerte fallen. Das erste hat die Länge $\frac{1}{10}$. Das zweite ist natürlich ein Teilintervall von diesem — denn es kommen ja nur Abszissen in Betracht, die auch beim ersten Schritt schon verwendet wurden — und hat die Länge $\frac{1}{10^2}$. So haben wir auf der Ordinatenachse eine Schachtelung. Der innerste Wert ist der Grenzwert. Denn für ein gewisses der konstruierten x-Intervalle sind alle Funktionswerte von ihm um weniger als $\frac{1}{10^n}$ verschieden.

Der folgende Satz enthält ein Kriterium, das es oft in bequemer Weise erlaubt, zu erkennen, daß $\lim\limits_{x \to a} f(x)$ *nicht* existiert: $\lim\limits_{x \to a} f(x) = A$ *existiert dann und nur dann, wenn für jede gegen* A *strebende Zahlenfolge* $x_1, x_2, x_3, \ldots,$ — *für die also* $\lim\limits_{n \to \infty} x_n = a$ *ist* — $\lim\limits_{n \to \infty} f(x_n) = A$ *ist*. Ein Grenzwert müßte also für alle diese Zahlenfolgen existieren; er muß aber auch für alle diese Folgen derselbe sein. Daß diese Bedingung erfüllt ist, wenn $\lim\limits_{x \to a} f(x) = A$ ist, leuchtet ohne weiteres ein. Aber auch die Umkehrung gilt, wie der Leser selbst beweisen möge.

§ 2. Stetige Funktionen. Populär gesprochen versteht man unter einer stetigen Funktion eine solche Funktion, deren Kurvenbild glatt verläuft, wie etwa bei der Parabel oder bei der Geraden, das also keine Sprünge macht, wie in dem auf S. 57 betrachteten Beispiel, und das auch nicht ins Unendliche läuft, wie etwa die gleichseitige Hyperbel $y = \frac{1}{x}$ bei $x = 0$. Es handelt sich nun darum, diese populäre, etwas unbestimmte Vorstellung begrifflich zu fassen: Wir definieren so: *Eine Funktion* $y = f(x)$ *sei im abgeschlossenen Intervall* $a \leqq x \leqq b$ *überall eindeutig erklärt. Die Funktion heißt dann an einer Stelle* c *des Intervalles stetig, wenn* $\lim\limits_{x \to c} f(x) = f(c)$ ist, d. h. also, wenn dieser Grenzwert erstens existiert und wenn zweitens dieser Grenzwert mit dem Wert übereinstimmt, den die Funktion ihrer Definition nach an dieser Stelle hat, wenn also zu jedem ε ein $\delta(\varepsilon)$ gehört, so daß $|f(x) - f(c)| < \varepsilon$, sobald $|x - c| < \delta(\varepsilon)$. Um also die Stetigkeitsdefinition zu erhalten, haben wir nur aus dem auf S. 54/55 gegebenen Wortlaut der Limesdefinition die Worte „und von c verschieden" wegzulassen, und statt des dort offenen, wie es hierin schon liegt, ein abgeschlossenes Intervall zugrunde zu legen.

Beispiele: 1. Summe, Differenz, Produkt und Quotient stetiger Funktionen sind wieder stetige Funktionen an jeder Stelle, wo der Nenner nicht verschwindet. Also sind alle rationalen Funktionen stetige Funktionen. Denn zunächst gilt doch $\lim\limits_{x \to c} x = c$. Also ist $y = x$ an jeder endlichen Stelle stetig. Daraus folgt, daß für jedes ganze positive n : $y = x^n$ eine stetige Funktion ist, denn es gilt doch wegen unserer Bemerkung über das Produkt stetiger Funktionen $\lim\limits_{x \to c} x^n = c^n$. Ebenso ist $y = ax^n$ stetig; denn es gilt $\lim\limits_{x \to c} ax^n = ac^n$. Da die Summe stetiger Funktionen stetig ist, so ist hiernach jede ganze rationale Funktion überall stetig. Da ferner jede gebrochene rationale Funktion der Quotient zweier ganzer Funktionen ist, so sind auch diese überall stetig, wo der Nenner nicht verschwindet.

2. Die trigonometrischen Funktionen sind stetige Funktionen. Wir bemerken zunächst, daß $\lim\limits_{x \to 0} \sin x = 0$ und daß $\lim\limits_{x \to 0} \cos x = 1$. Das folgt aus den Betrachtungen, die wir schon auf S 55 angestellt haben. Denn dort fanden wir $|\sin x| < |x|$ und $|1 - \cos x| < \frac{x^2}{2}$. Daraus ergibt sich alles. Nun ist weiter
$\lim\limits_{x \to c} \sin x = \lim\limits_{y \to 0} \sin (c + y) = \lim\limits_{y \to 0} (\sin c \cos y + \cos c \sin y) = \sin c$.
Also ist $\sin x$ stetig. Ebenso führt man den Nachweis für $\cos x$. Daraus folgt die Stetigkeit von $\operatorname{tg} x$.

Die stetigen Funktionen lernt man erst richtig schätzen, wenn man sich ein wenig mit den unstetigen abgegeben und gesehen hat, welch merkwürdige Vorkommnisse sich da darbieten können. Wir wollen daher jetzt ein paar Beispiele unstetiger Funktionen vornehmen und damit diesen Paragraphen schließen. Ein Beispiel lernten wir schon auf S. 57 kennen. Dort besaß die Funktion keinen Grenzwert und konnte darum nicht stetig sein. Auch die Funktion $y = \sin \frac{1}{x}$ besitzt für $x = 0$ keinen Grenzwert. Denn gerade wie $\sin x$ bei Annäherung von x an ∞, schwankt sie bei Annäherung an $x = 0$ immer zwischen -1 und $+1$ hin und her. Die Wellenhöhe bleibt immer dieselbe. Aber die Wellenlängen werden bei $\sin \frac{1}{x}$ immer kürzer. Denn die Nullstellen liegen bei $\frac{1}{x} = 2k\frac{\pi}{2}$; die Stellen, wo $\sin\frac{1}{x} = 1$, finden sich bei $\frac{1}{x} = (4k+1)\frac{\pi}{2}$; und $\sin\frac{1}{x}$ wird -1 bei $\frac{1}{x} = (4k+3)\frac{\pi}{2}$.

Im Gegensatze hierzu ist die folgende Funktion wieder bei $x = 0$ stetig. Es sei $y = 0$ für $x = 0$ und $y = x\sin\frac{1}{x}$ für alle anderen x. Dann ist $\left|x\sin\frac{1}{x}\right| \leqq |x|$. Also ist $\lim\limits_{x\to 0} x\sin\frac{1}{x} = 0$. Und daher ist die Funktion bei $x = 0$ stetig. Das gleiche gilt auch von $x^2\sin\frac{1}{x}$ usw. Eine Funktion kann auch dann unstetig werden, wenn sie einen Grenzwert besitzt. Definieren wir z. B. $y = 0$ für $x \neq 0$ aber $y = 1$ für $x = 0$. Dann ist diese Funktion bei $x = 0$ unstetig, denn der Grenzwert 0 stimmt nicht mit dem Funktionswert 1 überein. Unstetig ist auch die Funktion, die wir dadurch erklären, daß sie 0 sein soll für alle rationalen x und daß sie eins sein soll für alle irrationalen x-Werte.

§ 3. Allgemeine Sätze über stetige Funktionen.[1]) Satz 1: *Falls $f(x)$ für $a \leqq x \leqq b$ stetig und endlich ist und falls $\operatorname{sgn} f(a) = -\operatorname{sgn} f(b)$ (sgn lies signum = Vorzeichen), so verschwindet $f(x)$ an mindestens einer Stelle im Innern des Intervalles.*

Wir stellen zunächst den anschaulichen Sinn des Satzes fest: Eine stetig verlaufende Kurve sei z. B. am Anfang des Intervalles unter der x-Achse, am Ende des Intervalles über der x-Achse. Dann muß sie dazwischen die x-Achse passieren, und zwar im ganzen eine ungerade Zahl von Malen. Die Funktion muß dabei im Intervall stetig sein, denn sonst könnte ihr Kurvenbild einen Sprung über die x-Achse hinweg machen. Mit diesem anschaulichen Beweis dürfen wir uns aber nicht begnügen. Denn wir haben unsere anschauliche Vorstellung von einer stetigen Funktion durch einen exakten Begriff ersetzt. Und wir müssen nun erkennen, daß diesem Begriff die eben anschaulich festgestellte Eigenschaft auch noch zukommt. Das wird unseren Glauben an die Zweckmäßigkeit unserer Definition stärken. Der Beweis gelingt durch das Prinzip der Intervallschachtelung, durch das wir eine Nullstelle direkt aufsuchen. Ich teile das Intervall in zwei gleiche Teile. Wenn im Teilpunkt die Funktion verschwindet, so ist die Behauptung bewiesen. Wenn die Funktion dort nicht verschwindet, so muß an Anfang und Ende der einen Intervallhälfte die Funktion verschiedenes Vorzeichen haben. Dies Intervall teile ich wieder in zwei gleiche Teile und mache denselben Schluß. So fortfahrend finde ich entweder einmal einen

1) Wem die Erörterungen dieses Paragraphen noch zu schwer sind, mag gleich beim nächsten Kapitel weiterfahren und erst nach Bedarf hierher zurückgreifen.

Teilpunkt, der zugleich Nullstelle ist, oder aber ich erhalte eine Intervallschachtelung (Fig. 14), derart, daß in den Intervallanfängen alle Funktionswerte ein und dasselbe Vorzeichen haben, und daß auch in den Intervallenden das Vorzeichen dasselbe ist, aber das entgegengesetzte von dem in den Anfängen.[1]) Daher muß der Wert im innersten Punkt der Schachtelung sowohl von positiven wie von negativen Werten beliebig wenig verschieden sein. Er kann daher nur Null sein.

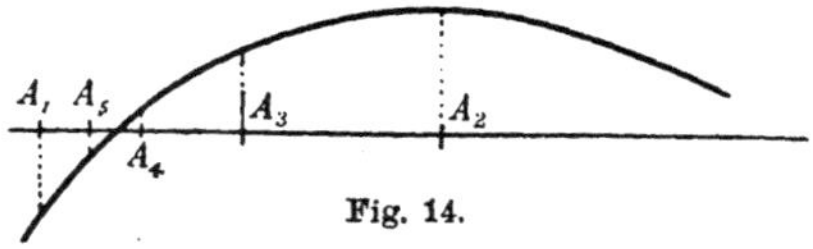

Fig. 14.

Satz 2: *Sei* $f(a) = A$ und $f(b) = B$; *dann nimmt die Funktion zwischen a und b jeden zwischen A und B gelegenen Wert mindestens einmal an.* Denn sei m ein solcher Wert, so verschwindet nach Satz 1 die Funktion $f(x) = m$ mindestens einmal im Intervall, da $A - m$ und $B - m$ verschiedenes Vorzeichen haben.

Satz 3: *Eine in einem abgeschlossenen endlichen Intervall stetige (daher auch endliche) Funktion ist im Intervall nach oben und nach unten beschränkt,* d. h. sie liegt im ganzen Intervalle unter einer bestimmten endlichen Schranke, und sie liegt im ganzen Intervall über einer bestimmten unteren Schranke. Für die Gültigkeit dieses Satzes ist es wesentlich, daß das Intervall abgeschlossen ist, daß also auch an Anfang und Ende die Funktion noch endlich und stetig ist. Denn z. B. ist $y = \frac{1}{x}$ für $0 < x \leqq 1$ endlich und stetig, aber im Intervall nicht beschränkt, weil sie bei $x = 0$ unendlich wird, das heißt bei Annäherung an $x = 0$ über alle Grenzen wächst. Ich beweise nun die Beschränktheit nach oben. Wenn der Satz nicht richtig wäre, so müßte es eine Folge von Funktionswerten $y_1, y_2, \ldots$ geben, die über alle Grenzen wüchsen. Die zu den $y_1, y_2, \ldots$ gehörigen Abszissen seien der Reihe nach $x_1, x_2, \ldots$ Diese Zahlen besitzen im Intervall oder an einem seiner Enden einen Häufungspunkt.[2]) Sei ξ ein solcher, dann gibt es beliebig nahe bei ξ Stellen, wo $f(x)$ oberhalb irgendeiner vorgegebenen Grenze bleibt. Andererseits aber ist $f(x)$ bei ξ stetig und endlich. Es sei $f(\xi) = \Xi$. Dann kann man wegen der Stetigkeit um $x = \xi$ ein Intervall abgrenzen, in dem die Funktion unter $\Xi + 1$ bleibt. Andererseits aber müßte es nach unseren Feststellungen auch in diesem Intervalle Stellen geben, wo $f(x)$ größer als $\Xi + 1$ wird. Das geht nicht. Also ist die Funktion nach oben beschränkt.

1) Wir beschreiben damit ein häufig zur numerischen Berechnung der Gleichungswurzeln verwandtes Verfahren.

2) Siehe S. 21.

Unter allen Zahlen, die von keinem Funktionswert einer solchen stetigen beschränkten Funktion übertroffen werden, gibt es eine kleinste. Sie heißt die *obere Grenze* der Funktion im Intervall.

Am bequemsten ist es, sie, wie S. 33 in ähnlichem Fall geschehen, durch den Dedekindschen Schnitt zu bestimmen. Dort handelte es sich um beschränkte Zahlenfolgen. Ein Leser aber, der den dort gegebenen Beweis sich wieder ansieht, wird gleich merken, daß er für den jetzigen Fall unverändert Anwendung finden kann.

Ganz ebenso zeigt man, daß die Funktion *nach unten beschränkt* ist und eine *untere Grenze* besitzt.

Satz 4: *Eine in einem abgeschlossenen Intervall stetige Funktion besitzt ein Maximum und ein Minimum*, d. h. eine Stelle, wo sie ihrer oberen Grenze gleich wird (Maximum), und eine Stelle, wo sie ihrer unteren Grenze gleich wird (Minimum).

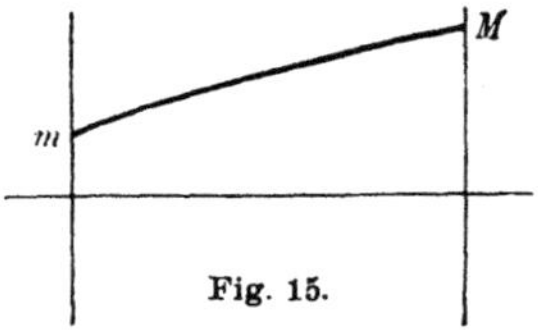

Fig. 15.

Ich bestimme eine unendliche Folge von Ordinaten, $y_1, y_2, \ldots$, die sich unbegrenzt der oberen Grenze nähern. $x_1, x_2, \ldots$ seien die zugehörigen Abszissen. Diese besitzen einen Häufungspunkt ξ. Dann ist $f(\xi)$ der oberen Grenze gleich. Denn wegen der Stetigkeit ist $f(\xi) = \lim\limits_{n \to \infty} f(x_n) = \lim\limits_{n \to \infty} y_n$. Ebenso beweist man die Existenz des Minimums.

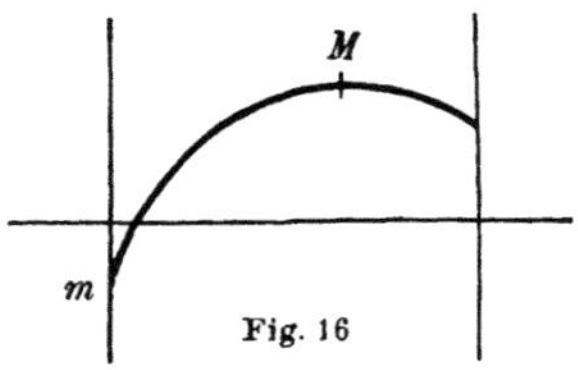

Fig. 16

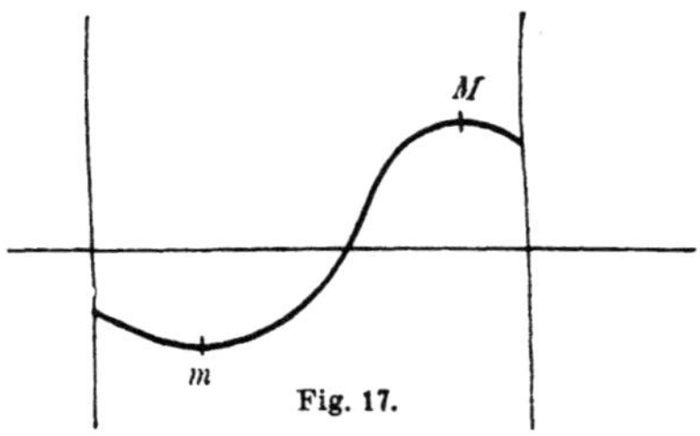

Fig. 17.

In den Fig. 15, 16, 17 sind verschiedene Fälle veranschaulicht. Dort sind Maxima mit M, Minima mit m bezeichnet.

§ 4. Mittelbare und inverse Funktionen. I. $y = f(u)$ sei eine stetige Funktion von u; zugleich sei aber $u = \varphi(x)$ eine stetige Funktion von x. Dann ist die *mittelbare* Funktion $y = f(\varphi(x))$ auch eine stetige Funktion von x. Denn es ist $|f(u) - f(a)| < \varepsilon$, sobald $|u - a| < \delta(\varepsilon)$. Nun sei $a = \varphi(c)$. Dann ist $|\varphi(x) - \varphi(c)| < \delta(\varepsilon)$, sobald $|x - c| < \eta\{\delta(\varepsilon)\}$, bei passender Wahl der Funktion $\eta\{\delta\}$. Also ist $|f(\varphi(x)) - f(\varphi(c))| < \varepsilon$, sobald $|x - c| < \eta$. Also ist $f(\varphi(x))$ stetig.

II. $y = f(x)$ sei im Intervall $a \leqq x \leqq b$ stetig und monoton z. B. ständig wachsend, und es sei $f(a) = A$, $f(b) = B$; dann nimmt, wie wir im vorigen Paragraphen auf S. 61 sahen, $f(x)$ jeden Wert zwischen A und B im Intervall an. Hier können wir wegen der Monotonität noch hinzufügen, daß die Funktion jeden Zwischenwert nur einmal annimmt, wenn sie nicht stückweise konstant ist. Diesen Fall wollen wir ausschließen. Es soll also für $x_2 > x_1$ immer auch $f(x_2) > f(x_1)$, nie $f(x_2) = f(x_1)$ sein. Dann gehört zu jeder Ordinate y nur eine Abszisse x zwischen a und b, wo diese Ordinate statthat. So wird die Abszisse x eine im ganzen Intervall A bis B eindeutig definierte $x = \varphi(y)$. Das ist die Umkehrungsfunktion oder die inverse Funktion von $y = f(x)$. Wir wollen zeigen, daß diese überall zwischen A und B eindeutig definierte Funktion wieder stetig ist. Am bequemsten liest man dies aus der Fig. 18 ab, in der wir die beiden Funktionen $y = f(x)$ und $x = \varphi(y)$ veranschaulicht haben, nämlich die eine oder die andere, je nachdem man x oder y als die unabhängige Variable ansieht.

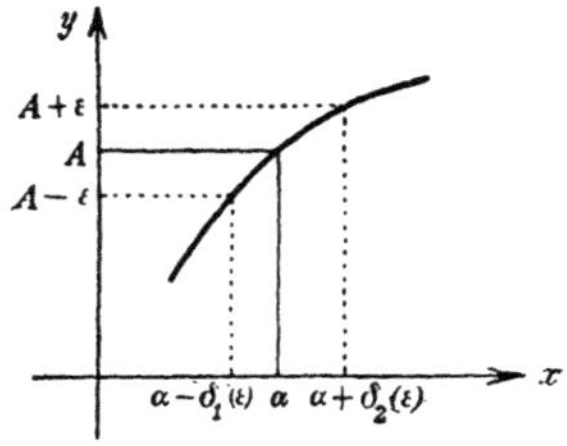

Fig. 18.

$y = f(x)$ ist nach Voraussetzung eine stetige Funktion von x. D. h. zu jedem ε kann man ein $\delta(\varepsilon)$ so bestimmen, daß für alle $|x - \alpha| < \delta(\varepsilon)$ immer $|f(x) - f(\alpha)| < \varepsilon$. Setzen wir $A = f(\alpha)$ und markieren auf der Ordinatenachse $y = A$ sowie $y = A - \varepsilon$ und $y = A + \varepsilon$. Dann können wir, wie in der Figur geschehen, sofort das Intervall auf der x-Achse bestimmen, in welchem die Funktion die Werte zwischen $A - \varepsilon$ und $A + \varepsilon$ annimmt. Für alle x aus dem Intervall $\alpha - \delta_1(\varepsilon) < x < \alpha + \delta_2(\varepsilon)$ ist immer $|f(x) - A| < \varepsilon$. [Das $\delta(\varepsilon)$ in der obigen Formulierung der Stetigkeit ist einfach die kleinere der beiden Zahlen δ_1 und δ_2, also hier einfach δ_1.] Diese Konstruktion läßt sich für jedes hinreichend kleine positive ε ausführen. Nun zur inversen Funktion. Man liest aus der Figur ohne weiteres ab, daß immer dann, wenn die Ordinate y dem Intervall $A - \varepsilon < y < A + \varepsilon$ angehört, notwendig auch die Abszisse x dem Intervall $\alpha - \delta_1 < x < \alpha + \delta_2$ angehören muß. Anders ausgedrückt besagt dies, daß immer $|\varphi(y) - \alpha| < \delta_2(\varepsilon)$ ist, sobald nur $|y - A| < \varepsilon$. Diese Aussage enthält die Stetigkeit der inversen Funktion, sobald man nur noch beachtet, daß man das ε, von dem wir ausgingen, so einrichten kann, daß $\delta_2(\varepsilon)$ unter einer gegebenen Grenze liegt.

B e i s p i e l: Der eben bewiesene Satz lehrt uns an jeder Stelle, wo $\sin y$ wächst oder fällt, die Stetigkeit von $\arcsin x$. In der Umgebung der Stellen, die der Sinus nicht wachsend oder fallend passiert (das sind die Maxima und Minima der Funktion) ist der arcussinus nicht eindeutig. Anschaulich macht sich das der Leser am besten an Fig. 4 S. 10 klar. Sie stellt ja sowohl $y = \sin x$ wie $x = \arcsin y$ dar. Ebenso erschließt man die Stetigkeit von arcuscosinus und arcustangens. Ebenso erkennt man, daß $\sqrt[n]{x}$ eine stetige Funktion von x ist.

V. Differentialrechnung.

§ 1. Definition des Differentialquotienten. Die Veranlassung zur Bildung des mathematischen Begriffes des Differentialquotienten bietet die geometrische Vorstellung der Richtung, in der eine gezeichnete Kurve einen ihrer Punkte passiert, oder auch die mechanische Vorstellung der Geschwindigkeit, die einem beweglichen Körper in einem gegebenen Moment zukommt. Wenn man annimmt, daß die Fortbewegung immer gleich rasch erfolgt, so versteht jedermann unter der Geschwindigkeit der Bewegung den Quotienten des zurückgelegten Weges durch die dazu verbrauchte Zeit. (Sie ist also der in der Zeiteinheit zurückgelegte Weg.) Wenn aber die Bewegung nicht immer gleich rasch oder gleich langsam vor sich geht, so kann ich natürlich auch diesen Quotienten bilden, aber er wird dann nur noch die Bedeutung einer durchschnittlichen Geschwindigkeit haben. Wenn ich mich aber immer so bewege, daß ich die gefundene Durchschnittsgeschwindigkeit einhalte, dann komme ich ebenso rasch ans Ziel, wie wenn ich genau die Art der Bewegung einhalte, von der wir ausgingen. Aber in den Zwischenzeiten werde ich mich bei beiden Arten der Bewegung nicht immer am gleichen Ort befinden, sondern ich werde bald einen Vorsprung haben, bald werde ich zurückbleiben. Wenn ich für eine andere Zeitspanne den Quotienten Weg durch Zeit bilde, so werde ich bei der gleichförmigen Bewegung immer denselben Wert erhalten. Denn dabei komme ich in jeder Zeiteinheit des Bewegungsverlaufes immer um gleich viel voran. Wenn ich aber für die ungleichförmige Bewegung während verschiedener Zeitspannen die durchschnittliche Geschwindigkeit bestimme, so werde ich jedesmal einen anderen Wert bekommen, weil ich mich bald rascher und bald langsamer bewege. Trotz allem habe ich die Vorstellung, daß ich in jedem Augenblick eine bestimmte Geschwindigkeit einhalte. Es fragt sich, welche der verschiedenen Durchschnittsgeschwindigkeiten ich als die wirkliche, in einem Zeitmoment zutreffende, ansehen soll. Wenn ich aber nun eine gewisse Zeitlang eine gefundene Durchschnittsgeschwindigkeit einhalte, so beschreibe ich jedoch eine andere Bewegung als die, von der ich die Durchschnittsgeschwindigkeit entnahm. Also kann ich keine der Durchschnittsgeschwindigkeiten brauchen, solange ich sie während einer gewissen Zeitspanne wirken lassen will. Da kommt uns nun die Vorstellung zu Hilfe, daß die wirkliche Geschwindigkeit von der durchschnittlichen um so weniger abweichen wird, für je kleinere Zeiträume wir den Durchschnitt bilden. *So kommen wir überein, unter der Geschwindigkeit in einem Zeitmoment t den Grenzwert der Durchschnittsgeschwindigkeit für verschwindende Zeitlängen zu verstehen.* Sei also der zurückgelegte Weg $s(t)$. Zwischen dem

Zeitpunkt t und dem Zeitpunkt $t + \Delta t$ ist somit der Weg $s(t + \Delta t) - s(t)$ zurückgelegt. Dann ist der Differenzenquotient $\frac{\Delta s}{\Delta t} = \frac{s(t + \Delta t) - s(t)}{\Delta t}$ die durchschnittliche Geschwindigkeit. Unter der Geschwindigkeit zur Zeit t verstehen wir den Grenzwert $\frac{ds}{dt} = \lim\limits_{\Delta t \to 0} \frac{s(t + \Delta t) - s(t)}{\Delta t}$. Wir lesen dies ds nach dt und nennen dies den (ersten) *Differentialquotienten* oder die (erste) *Ableitung* der Funktion $s(t)$ nach t. Sie ist selbst wieder eine Funktion von t und wird als solche auch mit $s'(t)$ bezeichnet.

Zu ganz ähnlichen Überlegungen führt die Betrachtung der Richtung einer Kurve $y = f(x)$. Eine Sehne, die zwei Kurvenpunkte verbindet, gibt nirgends die genaue Richtung der Kurve an, sondern nur eine gewisse durchschnittliche Richtung. Je näher wir aber die beiden durch die Sehne verbundenen Punkte aneinander legen, um so genauer fällt die Sehne mit der Kurve zusammen, und um so genauer wird sie im Punkt P die Richtung der Kurve angeben. Ich habe versucht, das in der Fig. 19 zu veranschaulichen. So kommen wir auch hier dazu, unter der Richtung der Kurve in einem ihrer Punkte (x, y) den Grenzwert

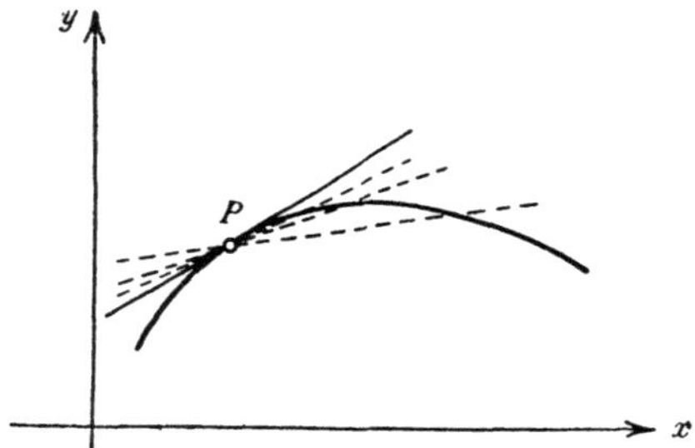

Fig. 19.

$$\frac{dy}{dx} = \lim_{\Delta x \to 0} \frac{f(x + \Delta x) - f(x)}{\Delta x}$$

zu verstehen. Wir bezeichnen ihn auch mit $f'(x)$. Der Leser sieht ohne weiteres, wie die Sehne beim Zusammenrücken ihrer beiden Schnittpunkte mit der Kurve in die Tangente der Kurve übergeht oder vielmehr in die Gerade, die wir in unserer Anschauung Tangente der Kurve nennen werden. Die Tangente ist erreicht, sowie die beiden Schnittpunkte zusammenfallen. Wir definieren also und geben damit unserer Vorstellung einen bestimmten begrifflichen Inhalt: *Unter der Tangente an einer Kurve $y = f(x)$ im Punkte (x, y) verstehen wir eine Gerade, die durch diesen Punkt geht und dabei mit der positiven x-Achse einen Winkel bildet, dessen tangens gleich $\frac{dy}{dx}$ ist.* Ist der Kurvenpunkt (ξ, η) $(\eta = f(\xi))$, so lautet die Gleichung der *Tangente* $y - \eta = f'(\xi)(x - \xi)$. Unsere Betrachtung läßt erkennen, daß die Richtung der Tangente Grenzwert der Richtungen der verschiedenen den Berührungspunkt passierenden Sehnen ist.

Der Leser erkennt auch, daß wir im Grunde oben bei den Geschwindigkeiten und jetzt bei den Richtungen die gleichen Überlegungen angestellt haben. Die Übereinstimmung wird noch deutlicher, sowie wir die Funktion $s = s(t)$, die die Bewegung angab, graphisch darstellen. Dann wird der Richtungstangens einer Sehne eine durchschnittliche Geschwindigkeit. Die Sehne selbst kennzeichnet den Zusammenhang zwischen Weg und Zeit bei einer Bewegung, die diese (konstante) Geschwindigkeit immer einhält, und zeigt, wie beide voneinander abweichen. Je kürzer das Zeitintervall ist, für das wir die Durchschnittsgeschwindigkeit bilden, um so näher liegen die Schnittpunkte der Sehne beieinander. Um so besser approximiert die gleichförmige „Durchschnittsbewegung" die wirklich stattfindende. Die Geschwindigkeit im Zeitmoment selbst ist der Richtungstangens der Kurventangente, die für ein sehr kleines Intervall die wirkliche Bewegung sehr gut darstellt. Wie gut die Approximation einer Kurve durch ihre Tangente ist, wird uns im nächsten Kapitel eingehend beschäftigen. Festzustellen, wie man aus den verschiedenen Augenblicksgeschwindigkeiten, deren jede nur eine verschwindende Zeitspanne lang vorhanden ist, rückwärts doch wieder die tatsächliche Bewegung aufbauen kann, wird eine der Aufgaben der Integralrechnung sein.

Bei den Anwendungen wird es ebensowenig wie beim Rechnen mit Irrationalzahlen nötig sein, den Grenzübergang völlig auszuführen. Man wird da immer ohne *merklichen* Unterschied eine Kurve durch ein Sehnenpolygon von genügend vielen Seiten ersetzen. Wie weit man da gehen muß, richtet sich nach der jeweils angestrebten Genauigkeit. Die reine Mathematik zieht es indessen vor, mit absolut genauen Größen zu rechnen, weil man dann die Mühe spart, jedesmal die Genauigkeit eines Resultates besonders anzugeben. Daneben tritt dann die für die Praxis wichtige Aufgabe auf, festzustellen, wie genau die beim Grenzübergang durchlaufenen Zahlen den wirklichen Wert approximieren und statt desselben verwendungsfähig sind. Das ist eine Aufgabe, welche uns ähnlich auch bei den unendlichen Reihen vorgelegen hat. Beides soll, wie dort, getrennt behandelt werden.

Bemerkungen: 1. Im Differentialquotienten liegt wieder ein Beispiel für den Grenzwert eines Quotienten $\frac{f(x+\Delta x)-f(x)}{\Delta x}$ vor, den man nicht nach der Quotientenregel bilden kann, weil man sonst nur das nach wie vor unbestimmte Resultat $\frac{0}{0}$ gewinnen würde. 2. Eine Funktion, die an einer Stelle einen Differentialquotienten besitzt, nennen wir an dieser Stelle *differenzierbar*. Die Existenz eines Differentialquotienten ist keine Folge der Stetigkeit einer Funktion, sondern eine selbständige Eigenschaft neben dieser. Einige Beispiele sollen dies klarlegen. Die Funktion

$y = x$ für $0 \leqq x \leqq 1/2$, $y = 1 - x$ für $1/2 \leqq x \leqq 1$, die in Fig. 5 S. 11 dargestellt ist, ist stetig, und doch wird der oberste Punkt von der Kurve nicht in ein und derselben bestimmten Richtung durchlaufen, sondern es findet dort ein sprungweiser Richtungswechsel statt. Wird doch die Kurve in der ersten Hälfte immer in der Richtung der ersten Geraden durchlaufen. Vom obersten Punkt an müssen wir uns jedoch in Richtung der zweiten Geraden fortbewegen. Auch die Rechnung ergibt, daß der Grenzwert $\lim\limits_{\Delta x \to +0} \frac{1 - (1/2 + \Delta x) - 1/2}{\Delta x} = -1$ existiert, ebenso wie der Grenzwert $\lim\limits_{\Delta x \to -0} \frac{(1/2 + \Delta x) - 1/2}{\Delta x} = +1$; aber beide sind voneinander verschieden. Der Leser sieht, wie hier zwar von einem *vorderen und einem hinteren Differentialquotienten* gesprochen werden kann, aber nicht von einer Richtung der Kurve schlechthin, weil bei der Definition des Differentialquotienten $\lim\limits_{\Delta x \to 0} \frac{f(x + \Delta x) - f(x)}{\Delta x}$ angenommen ist, daß $\Delta(x)$ positive *und* negative Werte durchläuft. Ein weiteres Beispiel wird durch die Funktion

$$\left[y = x \sin \frac{1}{x} \; (x \neq 0), \quad y = 0 \text{ für } x = 0\right]$$

geliefert, die bei $x = 0$ stetig ist. Denn für $|x| < \varepsilon$ ist auch $\left|x \sin \frac{1}{x}\right| < \varepsilon$. Aber sie ist bei $x = 0$ nicht differenzierbar. Denn der Differenzenquotient $\frac{f(x+h) - f(x)}{h}$ wird hier für $x = 0$ zu $\frac{h \sin \frac{1}{h}}{h} = \sin \frac{1}{h}$. Aber wir wissen schon von S. 59, daß $\lim \sin \frac{1}{h}$ nicht existiert. Betrachten wir aber

$$\left[y = x^2 \sin \frac{1}{x} \text{ für } x \neq 0, \text{ und } y = 0 \text{ für } x = 0\right],$$

so haben wir, wie man leicht sieht, wieder eine differenzierbare Funktion. Denn es ist $f'(0) = \lim\limits_{h \to 0} \frac{h^2 \sin \frac{1}{h} - 0}{h} = 0$.

Diesen Bemerkungen gegenüber besitzt der folgende Satz eine besondere Bedeutung. *Wenn $f(x)$ in einem $x = x_0$ enthaltenden Intervall eindeutig definiert ist und wenn $f(x)$ an der Stelle $x = x_0$* differenzierbar ist, so ist $f(x)$ an der Stelle $x = x_0$ *auch stetig.* Denn sei $\lim\limits_{h \to 0} \frac{f(x_0 + h) - f(x_0)}{h} = m$, so ist für alle $|h|$ unter einer gewissen Grenze $|f(x_0 + h) - f(x_0)| < (|m| + 1)|h|$. Daher ist $\lim\limits_{h \to 0} f(x_0 + h) = f(x_0)$, also $f(x)$ bei $x = x_0$ stetig.

Beispiele:

1. $y = ax + b,\ y' = \lim\limits_{h \to 0} \frac{a(x+h) + b - (ax+b)}{h} = a.$

2. $y = x^2$, *Parabel*, $y' = \lim\limits_{h \to 0} \frac{(x+h)^2 - x^2}{h} = \lim\limits_{h \to 0} 2x + \lim\limits_{h \to 0} h = 2x.$

3. $y = +\sqrt{r^2 - x^2}$ (*Kreis*)[1] $y' = \lim\limits_{h \to 0} \frac{\sqrt{r^2 - (x+h)^2} - \sqrt{r^2 - x^2}}{h}$

$$= \lim_{h \to 0} \frac{-2hx - h^2}{h\left(\sqrt{r^2 - (x+h)^2} + \sqrt{r^2 - x^2}\right)}$$

$$= \lim_{h \to 0} \frac{-2x}{\sqrt{r^2 - (x+h)^2} + \sqrt{r^2 - x^2}} - \lim_{h \to 0} \frac{h}{\sqrt{r^2 - (x+h)^2} + \sqrt{r^2 - x^2}}$$

$$= \frac{-x}{\sqrt{r^2 - x^2}} = -\frac{x}{y}.$$

§ 2. Differentiationsregeln. Wir gehen nun zur systematischen Betrachtung der verschiedenen elementaren Funktionen und zur Bestimmung ihrer Differentialquotienten über.[2]

1. Die Ableitung (= Differentialquotient) der Konstanten ist Null. Sei nämlich $y = c$, so ist $\frac{y(x) + \Delta(x) - y(x)}{\Delta x} = \frac{c - c}{\Delta x} = 0$, also auch $\lim\limits_{\Delta x \to 0} \frac{\Delta y}{\Delta x} = y' = 0.$

2. Die Potenz $y = x^n$ (n positiv und ganz) liefert $y' = n x^{n-1}$. $\frac{(x + \Delta x)^n - x^n}{\Delta x}$ nämlich ist von der Form

$$\frac{a^n - b^n}{a - b} = a^{n-1} + a^{n-2} b + a^{n-3} b^2 + \cdots + b^{n-1}.$$

Also wird

$$\frac{(x + \Delta x)^n - x^n}{\Delta x} = (x + \Delta x)^{n-1} + (x + \Delta x)^{n-2} x + (x + \Delta x)^{n-3} x^2 + \cdots + x^{n-1}.$$

Daher finden wir $\lim\limits_{\Delta x \to 0} \frac{(x + \Delta x)^n - x^n}{\Delta x} = n \cdot x^{n-1}.$

3. $y = \sin x$ liefert $y' = \cos x$. Denn es wird

$$\frac{\sin(x+h) - \sin x}{h} = \sin x \frac{\cos h - 1}{h} + \cos x \frac{\sin h}{h}.$$

Nun ist aber $\left|\frac{\cos h - 1}{h}\right| < \frac{h}{2}$ (nach S. 55). Also $\lim\limits_{h \to 0} \frac{\cos h - 1}{h} = 0.$ Ferner nach S. 55 $\lim\limits_{h \to 0} \frac{\sin h}{h} = 1$. Also $y' = \cos x$.

1) Wir halten immer das positive Vorzeichen der Wurzel fest, betrachten also den oberhalb der x-Achse gelegenen Halbkreis.

2) Alle in der Folge vorkommenden Funktionszeichen bedeuten differenzierbare Funktionen.

4. $y = \cos x$ liefert $y' = -\sin x$. Denn es wird

$$\frac{\cos(x+h)-\cos x}{h} = \cos x \frac{\cos h - 1}{h} - \sin x \frac{\sin h}{h}.$$

Allgemeine Regeln: 5. Der Differentialquotient einer Summe ist gleich der Summe der Differentialquotienten der Summanden. Denn es wird

$$\lim_{h\to 0} \frac{f(x+h)+\varphi(x+h)-(f(x)+\varphi(x))}{h} = \lim_{h\to 0}\frac{f(x+h)-f(x)}{h} + \lim_{h\to 0}\frac{\varphi(x+h)-\varphi(x)}{h},$$

wofern die beiden Grenzwerte rechts existieren. Die Ausdehnung auf beliebig viele Summanden in endlicher Zahl leuchtet ein.

6. Wenn $y = f(x)\cdot\varphi(x)$, und wenn beide Funktionen differenzierbar (und stetig) sind, so ist auch das Produkt differenzierbar, und es wird $y' = f(x)\varphi'(x) + f'(x)\varphi(x)$. Denn es ist

$$\frac{\Delta y}{\Delta x} = \frac{f(x+\Delta x)\varphi(x+\Delta x) - f(x)\varphi(x)}{\Delta x}$$

$$= \frac{f(x+\Delta x)\varphi(x+\Delta x) - f(x)\varphi(x+\Delta x) + f(x)\varphi(x+\Delta x) - f(x)\varphi(x)}{\Delta x}.$$

Also wird

$$\frac{dy}{dx} = \lim_{\Delta x\to 0}\varphi(x+\Delta x)\frac{f(x+\Delta x)-f(x)}{\Delta x} + \lim_{\Delta x\to 0} f(x)\frac{\varphi(x+\Delta x)-\varphi(x)}{\Delta x}$$

$$= \varphi(x)f'(x) + f(x)\varphi'(x).$$

Beispiel: $y = x\sin x, \qquad y' = \sin x + x\cos x.$

7. Wenn wieder $f(x)$ und $\varphi(x)$ differenzierbare Funktionen sind, so ist der Quotient $y = \dfrac{f(x)}{\varphi(x)}$ überall da differenzierbar, wo der Nenner nicht verschwindet, und man hat $y' = \dfrac{\varphi(x)f'(x) - f(x)\varphi'(x)}{[\varphi(x)]^2}$. Denn es ist

$$\frac{\dfrac{f(x+\Delta x)}{\varphi(x+\Delta x)} - \dfrac{f(x)}{\varphi(x)}}{\Delta x} = \frac{f(x+\Delta x)\varphi(x) - f(x)\varphi(x+\Delta x)}{\Delta x\varphi(x)\varphi(x+\Delta x)}$$

$$= \frac{\varphi(x)(f(x+\Delta x)-f(x))}{\Delta x\varphi(x)\varphi(x+\Delta x)} + \frac{f(x)(\varphi(x)-\varphi(x+\Delta x))}{\Delta x\varphi(x)\varphi(x+\Delta x)}.$$

Anwendungen: 8. $y = x^{-n} = \dfrac{1}{x^n}$ gibt

$$y' = (-n)x^{-n-1} = -n\frac{1}{x^{n+1}}.$$

Die Regel für die Differentiation der Potenz gilt also auch für negative ganze Exponenten.

9. $y = \operatorname{tg} x \left(= \frac{\sin x}{\cos x}\right)$ gibt $y' = \frac{1}{\cos^2 x} = 1 + \operatorname{tg}^2 x.$

(Siehe Regel 7.)

10. $y = \operatorname{ctg} x \left(= \frac{\cos x}{\sin x}\right)$ gibt $y' = -\frac{1}{\sin^2 x} = -(1 + \operatorname{ctg}^2 x).$

(Siehe Regel 7).

11. Die mittelbare Funktion $y = f(u(x))$ liefert $y' = \frac{df}{du} \cdot \frac{du}{dx}.$ Denn es wird

$$\frac{f(u(x + \Delta x)) - f(u(x))}{\Delta x} = \frac{f(u + \Delta u) - f(u)}{\Delta x}.$$

Wegen $$\lim_{\Delta u \to 0} \frac{f(u + \Delta u) - f(u)}{\Delta u} = f'(u)$$

hat man aber $\frac{f(u + \Delta u) - f(u)}{\Delta u} = f'(u) + \varepsilon(\Delta u)$

oder $f(u + \Delta u) - f(u) = f'(u)\Delta u + \varepsilon(\Delta u)\Delta u,$

wo $\lim\limits_{\Delta u \to 0} \varepsilon(\Delta u) = 0$ ist. Daher wird

$$\frac{f(u + \Delta u) - f(u)}{\Delta x} = f'(u)\frac{\Delta u}{\Delta x} + \varepsilon(\Delta u)\frac{\Delta u}{\Delta x}.$$

Da aber für $\Delta x \to 0$ auch $\Delta u \to 0$ gilt, so hat man weiter

$$y' = \lim_{\Delta x \to 0} \frac{f(u - \Delta u) - f(u)}{\Delta x} = f'(u)\frac{du}{dx} = \frac{df}{du} \cdot \frac{du}{dx}.$$

Das Resultat ist also so zu verstehen, daß man erst die Funktion $f(u)$ nach u differenziert; in der so gefundenen Funktion hat man wieder $u = u(x)$ einzutragen. Dies Ergebnis hat man noch mit u' zu multiplizieren. (Die gefundene Formel heißt auch *Kettenregel.*)

Beispiel: $y = \cos^2 x$ liefert

$$y' = 2\cos x \cdot (-\sin x) = -2\sin x \cos x.$$

12. Die inverse Funktion. Es sei $y = f(x)$ monoton (wachsend oder abnehmend) und $x = \varphi(y)$ die auf S. 63 eingeführte Umkehrungsfunktion. Dann ist $\lim\limits_{\Delta y \to 0} \frac{\Delta x}{\Delta y} = \frac{1}{\lim\limits_{\Delta x \to 0} \frac{\Delta y}{\Delta x}}.$

Also $\frac{dx}{dy} = \frac{1}{\frac{dy}{dx}}$ oder $\varphi'(y) = \frac{1}{f'(x)}.$ Man kann also $\varphi'(y)$ erhalten, indem man das reziproke von $f'(x)$ bildet und darin x durch y ausdrückt. Die Umkehrungsfunktion $\varphi(y)$ von $f(x)$ ist also differenzierbar, wenn $f(x)$ differenzierbar ist.

13. Beispiel: $y = x^{\frac{1}{n}}$ gibt $y' = \frac{1}{n} x^{\frac{1}{n}-1}$, so daß die Potenzregel auch hier wieder gilt. Denn es ist $x = y^n$. Also $x' = n y^{n-1}$. Also $y' = \frac{1}{n} \frac{1}{y^{n-1}}$. Also endlich, da $y = x^{\frac{1}{n}}$: $y' = \frac{1}{n} x^{\frac{1}{n}-1}$.

14. Beispiel: $y = x^{\frac{m}{n}} = \left(x^{\frac{1}{n}}\right)^m$ gibt $y' = \frac{m}{n} x^{\frac{m}{n}-1}$. Die Potenzregel gilt somit für beliebige positive und negative *rationale* Exponenten. Ihre Gültigkeit für irrationale Exponenten werden wir erst später (S. 78) gewinnen.

15. $y = \arcsin x$ gibt $y' = \frac{1}{\sqrt{1 - x^2}}$. Denn $x = \sin y$ gibt

$$x' = \cos y = \sqrt{1 - x^2}.$$

Hierdurch ist auch das Vorzeichen bestimmt, das man im Schlußresultat der $\sqrt{1 - x^2}$ geben muß. Es ist nämlich das gleiche, wie das von $\cos y$.

16. $y = \arccos x$ gibt $y' = \frac{1}{\sqrt{1 - x^2}}$. Denn $x = \cos y$ gibt

$$x' = -\sin y = \sqrt{1 - x^2}.$$

Hier ist nun als Vorzeichen der Wurzel das dem von $\sin y$ entgegengesetzte zu nehmen.

17. $y = \operatorname{arctg} x$ gibt $\frac{dy}{dx} = \frac{1}{1 + x^2}$. Denn $x = \operatorname{tg} y$ gibt

$$\frac{dx}{dy} = 1 + \operatorname{tg}^2 y = 1 + x^2.$$

18. $y = \operatorname{arcctg} x$ gibt $\frac{dy}{dx} = -\frac{1}{1 + x^2}$.

Wir haben damit die hauptsächlichsten Funktionen differenzieren gelernt. Nur die Exponentialfunktion und der Logarithmus stehen noch aus. Diese wollen wir erst im nächsten Paragraphen vornehmen, da wir etwas ausführlicher dabei verweilen müssen. Auch von der Differentiation der impliziten Funktionen war noch nicht die Rede und von der Verallgemeinerung der Kettenregel, die sich ergibt, wenn ich in einer Funktion von zwei oder mehr Variablen für die Variablen Funktionen von x eingetragen denke. So erhalte ich eine neue Funktion von x. Für ihre Differentiation gilt eine ähnliche Regel, wie wir sie bei den mittelbaren Funktionen von einer Variablen fanden. Wir wollen aber die nähere Betrachtung bis an eine spätere Stelle verschieben (S. 122), weil wir erst dazu einiges aus der Theorie der Funktionen von mehreren Variablen lernen müssen. Wir können das um so eher tun, als man fast immer mit dem auskommen wird, was wir hier bisher[1]) besprochen haben. Das gilt auch von den *impliziten Funktionen*, welchen wir vorbehaltlich einer späteren ausführlichen Erörterung noch ein paar Worte widmen wollen. Wir wollen am Beispiel der algebraischen Funktionen eine Regel kennenlernen, die wir später allgemein bestätigt finden werden. Bevor wir das tun, müssen wir erst eine Benennung einführen. Es sei eine Funktion $z = f(x, y)$ von zwei Variablen vorgelegt. Wenn ich eine der beiden Variablen festhalte und nur die andere sich ändern lasse, so erhalte ich jedesmal eine Funktion dieser anderen Variablen. Wir wollen annehmen, diese seien differenzierbar. Man nennt die so gebildeten Ableitungen der Funktion $f(x, y)$ nach x oder nach y *partielle Ableitungen von* f nach x bzw. nach y und bezeichnet sie mit $\frac{\partial f}{\partial x} = f_x$ und $\frac{\partial f}{\partial y} = f_y$. Es ist also definiert

$$f_x = \frac{\partial f}{\partial x} = \lim_{h \to 0} \frac{f(x+h, y) - f(x, y)}{h}$$

und analog $\frac{\partial f}{\partial y} = f_y$. Der Grenzübergang ist jedesmal bei festgehaltenen x und y auszuführen.

19. Differentiation der algebraischen Funktionen: Durch die algebraische Gleichung $f(x, y) = 0$ sei die algebraische Funktion $y = y(x)$ definiert. Um sie zu differenzieren — daß sie immer differenzierbar ist, werden wir erst später lernen, doch kennen wir vom Kreis und der Ellipse her Beispiele solcher differenzierbaren Funktionen — haben wir es nicht nötig, erst die Gleichung explizite nach y aufzulösen. Man kann einfacher vorgehen. Denken wir uns nämlich die Gleichung aufgelöst und $y(x)$ bestimmt. Tragen wir dies in die Gleichung ein, so ist diese identisch erfüllt für alle x. Wir haben also einen Ausdruck von dieser Form

$$\sum a_{ik} x^i (y(x))^k,$$

der für alle x verschwindet. Daher muß auch seine Ableitung nach x verschwinden, weil wir ja gelernt haben, daß der Differentialquotient einer Konstanten Null ist. Wir finden daher nach der Produktregel, daß $\sum a_{ik}\left(i x^{i-1}(y(x))^k + x^i k (y(x))^{k-1} \frac{dy}{dx}\right) = 0$ ist. Diesen Ausdruck können wir nun anders schreiben, nämlich so:

$$\sum i a_{ik} x^{i-1} (y(x))^k + \frac{dy}{dx} \sum k a_{ik} x^i (y(x))^{k-1}.$$

Hier steht nun in der ersten Summe offenbar weiter nichts als die partielle Ableitung von $f(x, y)$ nach x, und in der zweiten

1) Vgl. auch noch die „logarithmische Differentiation" S. 80.

Summe steht die partielle Ableitung von $f(x, y)$ nach y. Also finden wir $\frac{\partial f}{\partial x} + y' \frac{\partial f}{\partial y} = 0$. Und daraus ergibt sich, falls nicht an der betrachteten Stelle der algebraischen Kurve die partielle Ableitung f_y verschwindet, $y' = \frac{-\frac{\partial f}{\partial x}}{\frac{\partial f}{\partial y}} = -\frac{f_x}{f_y}$. *Um also die Richtung einer algebraischen Kurve in einem ihrer Punkte zu bestimmen, habe ich nur in diesem Ausdruck für x und y die Koordinaten des betreffenden Punktes einzutragen.* Das ist eine Regel für die Differentiation impliziter Funktionen, die wir auf S. 126 allgemein bestätigt finden werden.

Bemerkungen: 1. Wir haben in diesem Paragraphen immer angenommen, daß die Funktionen, die wir betrachteten, alle differenzierbar waren. Unter dieser Voraussetzung haben wir die Regel für die Differentiation eines Produktes $f(x)\varphi(x)$ abgeleitet. Wir haben angenommen, daß sowohl $f(x)$ wie $\varphi(x)$ differenzierbar seien. Hier wollen wir nun bemerken, daß ein Produkt unter Umständen auch einmal an einer Stelle differenzierbar sein kann, an der die Faktoren nicht differenzierbar sind. Ich will dafür kein zu triviales Beispiel geben, das sich schon darböte, wenn ich nur das Produkt $f(x) \cdot \frac{1}{f(x)} = 1$ betrachte, in dem $f(x)$ an einer Stelle nicht differenzierbar ist. Das Produkt 1 ist aber auch dort differenzierbar. Ich will ein etwas komplizierteres Beispiel nehmen. Schon auf S. 60 haben wir konstatiert, daß die Funktion $y = x^2 \sin \frac{1}{x}$ auch bei $x = 0$ stetig ist, *wenn wir ihr dort den Wert Null beilegen*, obschon dort $\sin \frac{1}{x}$ selbst nicht stetig ist, welchen Wert wir ihm auch dort beilegen, weil ja der $\lim\limits_{x \to 0} \sin \frac{1}{x}$ nicht existiert. S. 67 sahen wir sogar, daß sie auch bei $x = 0$ differenzierbar ist, obwohl sich an dieser Stelle die Anwendung der Punktregel verbietet.

2. Wir wollen zum Schluß dieses Paragraphen noch zeigen, wie unsere Betrachtungen zum Beweis des binomischen Satzes verwandt werden können. Wir wollen $(a + x)^n$ nach Potenzen von x ordnen. Wir wissen von vornherein, daß ein Ausdruck von dieser Gestalt $c_0 + c_1 x + c_2 x^2 + \cdots + c_n x^n$ mit konstanten Koeffizienten c_k herauskommen muß. Durch näheres Eingehen auf den Prozeß des Ausmultiplizierens ist es auch nicht schwer, diese Koeffizienten zu bestimmen. Wir wollen aber anders vorgehen. Wir wissen nämlich, daß die Gleichung

$$(a + x)^n - c_0 - c_1 x - c_2 x^2 - \cdots - c_n x^n = 0$$

für alle x erfüllt ist. Es steht also links eine Funktion von x, die für alle x verschwindet. Also ist ihre Ableitung auch Null. Hiervon wollen wir Gebrauch machen. Wir finden also, daß für alle x auch die folgende Gleichung richtig ist:

$$n(a+x)^{n-1} - c_1 - 2c_2 x - 3c_3 x^2 - \cdots - nc_n x^{n-1} = 0.$$

Aus dem angegebenen Grunde muß auch die Ableitung der jetzt links stehenden Funktion für alle x verschwinden. Das liefert uns

$$n(n-1)(a+x)^{n-2} - 2c_2 - 6c_3 x - 12c_3 x_4 - \cdots - n(n-1)c_n x^{n-2} = 0.$$

Auch hier muß wieder die Ableitung der linken Seite verschwinden. So bekommen wir eine Reihe von Gleichungen, aus welchen wir, wie ich jetzt zeigen werde, die Koeffizienten bestimmen können. Tragen wir in der ersten Gleichung $x = 0$ ein, so finden wir $c_0 = a^n$. Tragen wir nun die zweite Gleichung $x = 0$ ein, so finden wir $na^{n-1} = c_1$. Ebenso liefert die dritte Gleichung $c_2 = \frac{n(n-1)}{1 \cdot 2} a^{n-2}$. Allgemein finden wir auf diesem Wege

$$c_k = \frac{n(n-1)(n-2)\cdots(n-k+1)}{1 \quad 2 \quad 3 \qquad k} a^{n-k}.$$

Das sind bis auf die Faktoren a^{n-k} die sogenannten Binomialkoeffizienten $\binom{n}{k} = \frac{n!}{k!(n-k)!}$. Das Schlußresultat

$$(a+x)^n = a^n + na^{n-1}x + \frac{n(n-1)}{1 \cdot 2} a^{n-2}x^2 + \cdots + x^n$$

heißt der *binomische Satz.*

§ 3. Die Exponentialfunktion und der Logarithmus. Die Exponentialfunktion bezeichnen wir mit $y = a^x$. Dabei soll a eine positive Zahl sein. Was man unter a^x für ein rationales x versteht, sehen wir als bekannt an. Wir bemerken nur, daß z. B. $a^{\frac{1}{2}}$ an sich zwei Werte hat, einen positiven und einen negativen. Wir verwenden immer den positiven. Die hiermit für rationale x erklärte Funktion $y = a^x$ ist also stets positiv. Wenn $a > 1$, so nimmt sie mit wachsendem x stets zu. Wenn $a < 1$, so nimmt sie mit wachsendem x stets ab. Da beide Fälle durch einen Vorzeichenwechsel von x aufeinander zurückgeführt werden können, so wollen wir für die weitere Betrachtung $a > 1$ annehmen. Wir wollen zunächst ein paar Worte über die Erklärung der Exponentialfunktion für irrationales x sagen. Dazu will ich zunächst zeigen, daß $\lim\limits_{x \to 0} a^x = 1$, wenn x durch rationale Werte der Null zustrebt. Dazu genügt es wegen der Monotonität von a^x anzunehmen, daß x die positiven oder negativen reziproken ganzen Zahlen durchläuft. Wir betrachten erst $\lim\limits_{n\to\infty} a^{\frac{1}{n}}$. Wir wollen zeigen, daß von einem zu bestimmenden n an $\left|a^{\frac{1}{n}} - 1\right| < \varepsilon$ ist, wenn ε eine gegebene positive Zahl bedeutet. Daß ein Grenzwert existiert, ist ohne weiteres klar. Denn $a^{\frac{1}{n}}$ nimmt mit wachsendem n stets ab und ist immer größer als 1. Nun suchen wir ein n, für das $\sqrt[n]{a} < 1 + \varepsilon$, d. h. für das $a < (1+\varepsilon)^n$. Nun ist aber $(1+\varepsilon)^n > 1 + n\varepsilon$.[1]) Bestimmen wir also n so, daß $a < 1 + n\varepsilon$, so ist erst recht $a < (1+\varepsilon)^n$. So finden wir: Für $n > \frac{a-1}{\varepsilon}$ ist stets $\left|\sqrt[n]{a} - 1\right| < \varepsilon$. Ähnlich ist der Fall negativer Exponenten zu behandeln. Für welche n wird $1 - a^{-\frac{1}{n}} < \varepsilon$? Dann ist der Fall, wenn $a < \left(\frac{1}{1-\varepsilon}\right)^n = \left(1 + \frac{\varepsilon}{1-\varepsilon}\right)^n$. Nun ist wieder

$$\left(1 + \frac{\varepsilon}{1-\varepsilon}\right)^n > 1 + \frac{n\varepsilon}{1-\varepsilon}.$$

So finden wir: Es ist $\left|a^{-\frac{1}{n}} - 1\right| < \varepsilon$, sobald $n > \frac{(a-1)(1-\varepsilon)}{\varepsilon}$. Aus den beiden gefundenen Ungleichungen entnehmen wir $\lim\limits_{x\to 0} a^x = 1$, wenn x rationale Werte durchläuft.

Nun betrachten wir allgemein den Grenzwert $\lim\limits_{x\to x_0} a^x$, wobei wieder x durch rationale Werte sich x_0 nähern möge. x_0 kann dabei rational oder irrational sein. Daß der Grenzwert existiert, folgt wieder aus der Monotonität in Verbindung mit der Tatsache, daß alle verwendeten Werte der Exponentialfunktion kleiner sind als a^M, wo M irgendeine rationale Zahl größer als x_0 bedeutet. Daher ist $|a^{x_1} - a^{x_2}| = a^{x_1}\,|a^{x_2 - x_1} - 1| < a^M\,|a^{x_2-x_1} - 1|$. Wie wir gerade vorhin gesehen haben, gibt es dann ein $\delta(\varepsilon)$, so daß für $|x_2 - x_1| < \delta(\varepsilon)$ dieser Ausdruck kleiner als ε wird. Daher existiert nach dem allgemeinen Konvergenzprinzip in seiner Anwendung auf Funktionen (s. S. 57) der Grenzwert $\lim\limits_{x\to x_0} a^x$. Wenn man die eben vorgenommene Betrachtung mit $x_2 = x_0$ wiederholt, so sieht man, daß für rationales x_0 der Grenzwert $\lim\limits_{x\to x_0} a^x = a^{x_0}$ ist. Für irrationales x_0 aber erklären wir a^{x_0} durch den Grenzwert $\lim\limits_{x\to x_0} a^x$. Die so jetzt überall erklärte Exponentialfunktion ist ersichtlich eine monoton wachsende Funktion. Sie ist aber

1) Man sieht dies sofort, wenn man auf $(1+\varepsilon)^n$ den binomischen Satz anwendet.

auch eine stetige Funktion. Dazu müssen wir nur erkennen, daß $\lim\limits_{x \to x_0} a^x = a^{x_0}$, wenn wir x nun durch *beliebige* Werte sich x_0 nähern lassen und nicht nur durch rationale, wie vorhin. Für rationale x-Werte wissen wir aber bereits, daß $| a^{x_0} - a^x | < \varepsilon$, sobald $| x - x_0 | < \delta(\varepsilon)$, d. h. wir können zu jedem ε ein solches $\delta(\varepsilon)$ bestimmen. Wegen der Monotonität gilt aber dann $|a^x - a^{x_0}| < \varepsilon$ nicht allein für die rationalen x-Werte, die der Ungleichung $| x - x_0 | < \delta(\varepsilon)$ genügen, sondern auch für die irrationalen. Also ist die Stetigkeit der Exponentialfunktion sichergestellt. Daß auch die gewöhnlichen Rechenregeln für die Exponentialfunktion allgemein gelten, folgt wieder aus der Gültigkeit für rationale x durch den Grenzübergang, der zur Definition der Funktion für beliebige x führte.

Die Umkehrungsfunktion der monotonen Funktion $y = a^x$ sei $x = \log\limits_a y$ (siehe IV. § 4 S. 62f.). Sie heißt Logarithmus zur Basis a. Sie ist eine für alle positiven y erklärte stetige Funktion.

Wir gehen nun zur Differentiation dieses Logarithmus über. Vorab müssen wir dazu noch den $\lim\limits_{x \to \infty} \left(1 + \frac{1}{x}\right)^x$ untersuchen. Wir können uns dabei auf ganzzahlige x beschränken. Sei nämlich I. $x > 0$ und $n \leqq x \leqq n + 1$, dann ist auch

$$\left(1 + \frac{1}{n+1}\right)^n \leqq \left(1 + \frac{1}{x}\right)^x \leqq \left(1 + \frac{1}{n}\right)^{n+1}.$$

Denn es ist $\frac{1}{n} \geqq \frac{1}{x} \geqq \frac{1}{n+1}$, also $1 + \frac{1}{n} \geqq 1 + \frac{1}{x} \geqq 1 + \frac{1}{n+1}$.

Dann wird $\left(1 + \frac{1}{n+1}\right)^n \leqq \left(1 + \frac{1}{x}\right)^n \leqq \left(1 + \frac{1}{x}\right)^x$

und $\left(1 + \frac{1}{n}\right)^{n+1} \geqq \left(1 + \frac{1}{x}\right)^{n+1} \geqq \left(1 + \frac{1}{x}\right)^x$.

Also wird tatsächlich $\left(1 + \frac{1}{n+1}\right)^n \leqq \left(1 + \frac{1}{x}\right)^x \leqq \left(1 + \frac{1}{n}\right)^{n+1}$.

Daraus folgt $\dfrac{\left(1 + \frac{1}{n+1}\right)^{n+1}}{1 + \frac{1}{n+1}} \leqq \left(1 + \frac{1}{x}\right)^x \leqq \left(1 + \frac{1}{n}\right)^n \cdot \left(1 + \frac{1}{n}\right)$.

Wenn also für ganzzahliges n der $\lim\limits_{n \to \infty} \left(1 + \frac{1}{n}\right)^n$ existiert, so ist für beliebiges x notwendig

$$\lim_{x \to \infty} \left(1 + \frac{1}{x}\right)^x = \lim_{n \to \infty} \left(1 + \frac{1}{n}\right)^n.$$

Sei II. $x < 0$. Ich schreibe $x = -y$. Dann habe ich den Ausdruck $\left(1 + \frac{1}{x}\right)^x = \left(1 - \frac{1}{y}\right)^{-n}$ zu betrachten. Ich finde

$$\left(1 - \frac{1}{y}\right)^{-y} = \left(\frac{y}{y-1}\right)^y = \left(1 + \frac{1}{y-1}\right)^y = \left(1 + \frac{1}{y-1}\right)^{y-1} \cdot \left(1 + \frac{1}{y-1}\right).$$

Existiert also der $\lim\limits_{y \to \infty} \left(1 + \frac{1}{y}\right)^y$, so existiert auch der $\lim\limits_{y \to \infty} \left(1 + \frac{1}{y-1}\right)^{y-1}$ und ist ihm gleich. Daher auch

$$\lim_{x \to -\infty} \left(1 + \frac{1}{x}\right)^x = \lim_{y \to \infty} \left(1 - \frac{1}{y}\right)^{-y} = \lim_{y \to \infty} \left(1 + \frac{1}{y-1}\right)^{y-1} \left(1 + \frac{1}{y-1}\right)$$
$$= \lim_{y \to \infty} \left(1 + \frac{1}{y}\right)^y.$$

Also alles in allem können wir uns tatsächlich auf die Untersuchung des Grenzwertes $\lim\limits_{n \to \infty} \left(1 + \frac{1}{n}\right)^n$ für ganze positive n beschränken. Nach dem binomischen Satz (S. 74) ist nun aber

$$\left(1 + \frac{1}{n}\right)^n = 1 + 1 + \frac{1}{2!}\left(1 - \frac{1}{n}\right) + \frac{1}{3!}\left(1 - \frac{1}{n}\right)\left(1 - \frac{2}{n}\right) + \cdots$$
$$+ \frac{1}{n!}\left(1 - \frac{1}{n}\right) \cdots \left(1 - \frac{n-1}{n}\right).$$

Mit wachsendem n nimmt dieser Ausdruck zu. Denn es kommen immer neue Glieder hinzu, und die in den vorhandenen Ausdrücken stehenden Klammern nähern sich wachsend der 1. Ferner sieht man, daß der Ausdruck immer größer ist als 2. Er ist weiter immer kleiner als

$$1 + 1 + \frac{1}{2!} + \frac{1}{3!} + \cdots + \frac{1}{n!} < 1 + 1 + \frac{1}{2} + \frac{1}{2^2} + \frac{1}{2^3} + \cdots + \frac{1}{2^{n-1}},$$

also kleiner als 3. Daher existiert der Grenzwert und ist gleich einer Zahl e, für die $2 < e < 3$. Die Berechnung dieser Zahl verschieben wir auf das Ende dieses Paragraphen.

Vorab wollen wir nun den Logarithmus differenzieren. Sei also $y = \log x$. Dann wird

$$\lim_{\Delta x \to 0} \frac{\Delta y}{\Delta x} = \lim_{\Delta x \to 0} \frac{\log\limits_a (x + \Delta x) - \log\limits_a x}{\Delta x} = \lim_{\Delta x \to 0} \log_a \left(1 + \frac{\Delta x}{x}\right)^{\frac{1}{\Delta x}}.$$

Setzen wir nun $\frac{x}{\Delta x} = z$, so finden wir

$$\frac{dy}{dx} = \lim_{z \to \infty} \log_a \left(1 + \frac{1}{z}\right)^{\frac{z}{x}} = \frac{1}{x} \lim_{z \to \infty} \log_a \left(1 + \frac{1}{z}\right)^z.$$

Da aber der Logarithmus eine stetige Funktion ist, so wird dies

$$= \frac{1}{x} \log_a \left(\lim_{z \to \infty} \left(1 + \frac{1}{z}\right)^z \right). \quad \text{Also haben wir } \frac{dy}{dx} = \frac{1}{x} \log_a e.$$

Diese Formel wird besonders einfach, wenn wir die Zahl e selbst zur Basis des Logarithmensystems machen. Denn dann ist $\frac{dy}{dx} = \frac{1}{x}$. Diese Logarithmen zur Basis e heißen *natürliche Logarithmen*. Wir bezeichnen sie kurz mit $y = \log x$; dann ist also $\frac{dy}{dx} = \frac{1}{x}$. Man kann leicht von den natürlichen Logarithmen zu irgendwelchen anderen übergehen. Denn es ist ja nach der Definition der Logarithmen

$$x = a^{\log_a x} = e^{\log a \cdot \log_a x} = e^{\log x} = a^{\log_a e \cdot \log x}$$

Daraus findet man

$$\log_a x = \log_a e \cdot \log x \quad \text{und} \quad \log x = \log a \cdot \log_a x.$$

Nun zur Differentiation der Exponentialfunktion selbst. Sie ist die Umkehrung des Logarithmus. Ihre Differentiation geschieht daher nach der Regel auf S. 70. Wir finden aus $v = e^x$, $\frac{dv}{dx} = e^x$. *Also* $v = e^x$ *liefert* $\frac{dv}{dx} = e^x$. Die Funktion e^x reproduziert sich also beim Differenzieren.

Anwendungen: 1. Die Funktion $y = a^x$ gibt $y' = a^x \log a$. Denn es ist $a^x = e^{\log a \cdot x}$.

2. Bei beliebigen Exponenten n liefert die Potenz $u = x^n$ immer $u' = n x^{n-1}$. Denn es ist $x^n = e^{n \log x}$. Also

$$u' = e^{n \log x} \cdot n \cdot \frac{1}{x} = n \cdot \frac{1}{x} \cdot x^n = n x^{n-1}.$$

Anhang: *Berechnung der Zahl e.*

Die Zahl e ist definiert durch den Grenzwert

$$e = \lim_{n \to \infty} \left\{ 1 + 1 + \frac{1}{2!}\left(1 - \frac{1}{n}\right) + \cdots \right.$$
$$\left. + \frac{1}{n!}\left(1 - \frac{1}{n}\right)\left(1 - \frac{2}{n}\right) \cdots \left(1 - \frac{n-1}{n}\right) \right\}.$$

Um diesen Grenzwert auszurechnen, zerlegen wir die Summe rechts in zwei Bestandteile, indem wir eine feste Zahl m von Gliedern abspalten. Die Zahl m wird also beim Grenzübergang festgehalten. Welchen Wert wir ihr zweckmäßig geben, werden wir gleich festsetzen. Wir haben so also $e = \lim_{n \to \infty} s_m + \lim_{n \to \infty} r_m$.

Hier ist

$$s_m = 1 + 1 + \frac{1}{2!}\left(1-\frac{1}{n}\right) + \cdots + \frac{1}{m!}\left(1-\frac{1}{n}\right)\cdots\left(1-\frac{m-1}{n}\right)$$

und

$$r_m = \frac{1}{(m+1)!}\left(1-\frac{1}{n}\right)\cdots\left(1-\frac{m}{n}\right) + \cdots + \frac{1}{n!}\left(1-\frac{1}{n}\right)\cdots\left(1-\frac{n-1}{n}\right).$$

Für *alle* n ist nun $|r_m| < \frac{1}{2^m} + \frac{1}{2^{m+1}} + \cdots + \frac{1}{2^{n-1}} < \frac{1}{2^{m-1}}$.

Ich wähle nun

1. m so groß, daß $|r_m| < \frac{1}{2^{m-1}} < \frac{\varepsilon}{3}$ und halte dann m fest.

2. Alsdann N so groß, daß für $n > N$.

a) $1 + 1 + \frac{1}{2!} + \cdots + \frac{1}{m!} = \sigma_m$ von

$$1 + 1 + \frac{1}{2!}\left(1-\frac{1}{n}\right) + \cdots + \frac{1}{m!}\left(1-\frac{1}{n}\right)\cdots\left(1-\frac{m-1}{n}\right)$$

um weniger als $\frac{\varepsilon}{3}$ abweicht, und daß für $n > N$

b) e von $\left(1+\frac{1}{n}\right)^n$ um weniger als $\frac{\varepsilon}{3}$ abweicht.

Dann ist also

$$|e - \sigma_m| = \left|\left(e - \left(1+\frac{1}{n}\right)^n\right) + \left(\left(1+\frac{1}{n}\right)^n - s_m\right) + (s_m - \sigma_m)\right|.$$

Also ist $|e - \sigma_m| < \varepsilon$. Also $e = \lim\limits_{m\to\infty}\left(1 + 1 + \frac{1}{2!} + \cdots + \frac{1}{m!}\right)$.

Oder $e = 1 + 1 + \frac{1}{2!} + \frac{1}{3!} + \cdots$

Den Wert dieser unendlichen Reihe haben wir schon auf S. 52 auf 4 Dezimalen genau berechnet. Eine etwas genauere Rechnung gibt $e = 2{,}7182818\ldots$

Diese Zahl e ist, wie wir noch anfügen wollen, *irrational.* Denn wäre $e = \frac{a}{b}$, wo a und b teilerfremde ganze Zahlen sind, so wäre

$$\frac{a}{b} = 1 + 1 + \frac{1}{2!} + \frac{1}{3!} + \cdots + \frac{1}{(n-1)!} + \frac{r}{n!}.$$

Hier wäre nach S. 52 sicher $0 < r < 2$. Daher ist

$$\frac{a}{b}(n-1)! - (n-1)!\left(1 + 1 + \frac{1}{2!} + \cdots + \frac{1}{(n-1)!}\right) = \frac{r}{n}.$$

Wenn wir nun $(n-1) > b$ wählen, so ist b ein Teiler von $(n-1)!$ Daher ist dann die linke Seite eine ganze Zahl, während die rechte Seite für $n > 2$ zwischen Null und Eins enthalten ist.

Sie ist aber auch von Null verschieden, da ja r eine Summe von positiven Gliedern ist. Also kann die Annahme, daß e rational sei, nicht richtig sein. e ist irrational.

Anwendung: *Logarithmisches Differenzieren*: Oft ist es bequem, statt einer zu differenzierenden Funktion erst einmal ihren Logarithmus zu differenzieren. Es besteht nämlich ein einfacher Zusammenhang zwischen der Ableitung von $f(x)$ und der Ableitung von $\log f(x)$, nämlich dieser: Es ist $\frac{d \log y}{dx} = \frac{y'}{y}$, oder $y' = y \frac{d \log y}{dx}$. Dies Verfahren, die Ableitung einer Funktion $f(x)$ zu gewinnen, kann z. B. im folgenden Fall mit Erfolg Verwendung finden. Es soll $y = (f(x))^{\varphi(x)}$ differenziert werden. Diese Funktion entsteht dadurch, daß ich für die beiden Variablen u und v der Funktion u^v Funktionen von x eintrage. Wir haben so eine Funktion, die wir noch nicht allgemein differenzieren gelernt haben. Gleichwohl werden wir die auf S. 71 für solche Fälle bereits erwähnte Regel wieder bestätigt finden. Wir bilden $\log y = \varphi(x) \cdot \log f(x)$. Dann ist $\frac{y'}{y} = \frac{f'(x)}{f(x)} \varphi(x) + \varphi' \log f(x)$. Hieraus entnehmen wir

$$y' = (f(x))^{\varphi(x)} \left(\frac{f'(x)}{f(x)} \cdot \varphi(x) + \varphi'(x) \log f(x) \right).$$

VI. Einige geometrische Anwendungen.

§ 1. Das Vorzeichen der ersten Ableitung. Wenn in einem Kurvenpunkt x_0 die erste Ableitung $f'(x_0)$ positiv ist, so bedeutet das, daß die Kurvenordinaten wachsen, wenn man vom Punkte mit der Abszisse x_0 zu Punkten mit größerer Abszisse übergeht, und daß die Kurvenordinaten kleiner werden, wenn man zu Punkten mit kleinerer Abszisse übergeht. Man kann den Sachverhalt kurz dadurch kennzeichnen, daß man sagt, die Kurve passiere steigend den betreffenden Punkt. Das negative Vorzeichen der ersten Ableitung bedeutet, daß die Kurve fallend den Punkt passiert. Da nämlich die erste Ableitung $f'(x_0)$ der Limes des Differenzenquotienten für verschwindendes h ist, so ist für hinreichend kleine h der Differenzenquotient positiv, wenn die erste Ableitung positiv ist. Sei nun also etwa für $|h| < \delta$ immer $\frac{f(x_0 + h) - f(x_0)}{h} > 0$. Dann bedeutet dies bei positivem h, daß immer $f(x_0 + h) > f(x_0)$, und es bedeutet bei negativem h, daß immer $f(x_0 + h) < f(x_0)$ ist. Also gehören zu größeren Abszissen auch größere Ordinaten in der Umgebung $|x - x_0| < \delta$ der Abszisse x_0. Ähnlich erkennt man den angegebenen Sachverhalt bei negativer erster Ableitung.

Ist nun in einem Punkte x_0 die Ableitung $f'(x_0) \neq 0$ und ist $f'(x)$ in der Umgebung stetig, so hat die Ableitung in einer gewissen Umgebung von x_0 einerlei Vorzeichen. Nach der vorausgeschickten Überlegung ist daher die Funktion in dieser Umgebung monoton, und daher existiert nach S. 62 eine stetige Umkehrungsfunktion, die nach S. 70 eine Ableitung besitzt.

§ 2. Tangenten und Normalen. Schon zu Beginn des vorigen Kapitels haben wir die geometrische Bedeutung der ersten Ableitung von $f(x)$ festgestellt. Sie ist der Richtungstangens der Kurventangente. Sei $x = a$, $y = b = f(a)$ ein Punkt der Kurve $y = f(x)$. Dann ist $y - b = f'(a)(x - a)$ die Gleichung der Tangente in diesem Punkte. Unter der Kurvennormalen versteht man die auf der Tangente senkrechte Gerade durch den Kurvenpunkt (a, b). Ihre Gleichung wird daher $x - a = -f'(a)(y - b)$.

Wir wollen auch noch für andere Gleichungsformen einer Kurve die Tangentenrichtung bestimmen. Sei die Kurve durch eine implizite Gleichung gegeben und algebraisch. Sei etwa $\varphi(x, y) = 0$. Dann fanden wir oben im Kurvenpunkt $a, b, (\varphi(a, b) = 0)$ für y' den Ausdruck: $y' = -\frac{\varphi_x(a,b)}{\varphi_y(a,b)}$. Die Gleichung der Tangente wird daher $\varphi_y(a, b)(y - b) + \varphi_x(a, b)(x - a) = 0$. Sei weiter die Kurve in Parameterdarstellung gegeben: $x = \varphi(t)$, $y = \psi(t)$. Sei t_0 der zu betrachtende Kurvenpunkt. Er sei ein regulärer Punkt, d. h. es sollen die Ableitungen $\varphi'(t_0)$ und $\psi'(t_0)$ nicht beide verschwinden. Es sei z. B. $\varphi'(t_0) \neq 0$. Die Ableitung $\frac{dy}{dx}$ gewinnt man dann so: Man denke daran, daß man die Gleichung der Kurve in der Form $y = f(x)$ dadurch herstellen kann, daß man $x = \varphi(t)$ in der Umgebung von $t = t_0$ gemäß § 1 nach t auflöst und die so gefundene Funktion $t = t(x)$ in $y = \psi(t)$ einträgt. So wird $y = \psi(t(x))$. Also findet man $\frac{dy}{dx} = \frac{d\psi}{dt} \cdot \frac{dt}{dx}$. Nun ist aber nach der Regel über das Differenzieren der inversen Funktionen $\frac{dt}{dx} = \frac{1}{\frac{dx}{dt}}$. Also wird $\frac{dy}{dx} = \frac{\frac{d\psi}{dt}}{\frac{d\varphi}{dt}}$. Die Gleichung der Tangente im Punkte t_0 wird also $\varphi'(t_0)(y - b) = \psi'(t_0)(x - a)$.

Endlich sei die Gleichung der Kurve in Polarkoordinaten gegeben: Dann hat man $r = f(\varphi)$. Also findet man sofort eine Parameterdarstellung der Kurve, nämlich $x = r\cos\varphi = f(\varphi)\cos\varphi$, $y = f(\varphi)\sin\varphi$. Daher wird der Richtungstangens der Kurventangente

$$\frac{dy}{dx} = \frac{f'(\varphi)\sin\varphi + f(\varphi)\cos\varphi}{f'(\varphi)\cos\varphi - f(\varphi)\sin\varphi}.$$

Auch den Winkel, den zwei Kurven in einem Schnittpunkt miteinander bilden, können wir mit unseren Hilfsmitteln bestimmen, sobald wir diesen Winkel definiert haben. Wir verstehen darunter den Winkel der Kurventangenten in diesem Punkt. Dabei sind die Kurventangenten gerichtete Geraden, deren Richtungstangens eben durch den Wert der ersten Ableitung bestimmt ist. Bildet nun etwa die Tangente der Kurve $\mathfrak{C}$ im Schnittpunkte den Winkel α mit der positiven x-Achse, die Tangente der Kurve $\mathfrak{K}$ aber den Winkel β mit der positiven x-Achse, dann nenne ich $\alpha - \beta$ den Winkel, den $\mathfrak{C}$ mit $\mathfrak{K}$ im Schnittpunkt bildet. Alle diese Winkel sind nur bis auf Vielfache von π bestimmt, denn in den Ableitungen steht uns nur ihr Tangens zur Verfügung.

Beispiele: 1. Die Ellipse $\frac{x^2}{a^2} + \frac{y^2}{b^2} = 1$: Tangente im Punkte (x_1, y_1): $\frac{x x_1}{a^2} + \frac{y y_1}{b^2} = 1$.

2. Die Zykloide $x = r(\varphi - \sin\varphi)$, $y = r(1 - \cos\varphi)$: Tangente im Punkte φ_0:

$$(y - r(1 - \cos\varphi_0)) \cdot (1 - \cos\varphi_0) = (x - r(\varphi_0 - \sin\varphi_0)) \sin\varphi_0.$$

§ 3. Maxima und Minima. Wenn in einem Kurvenpunkt die erste Ableitung verschwindet, d. h. wenn dort die Tangente horizontal (parallel zur x-Achse) verläuft, dann folgt daraus allein nichts darüber, ob die Kurve fallend oder steigend den Punkt passiert oder ob sie dort vom Fallen zum Steigen übergeht. Das legen schon die folgenden Figuren 20a, b, c klar, die einige Möglichkeiten veranschaulichen. Man vergleiche auch die Kurve $y = x^2 \sin\frac{1}{x}$, die bei $x = 0$ eine verschwindende Ableitung hat. Eines aber können wir diesen Figuren sofort entnehmen, daß nämlich *immer dann, wenn die Kurve ein Maximum oder ein Minimum passiert*, wie in Fig. 20a und 20b, *die erste Ableitung verschwinden muß*. Wir müssen indessen dies Ergebnis noch etwas genauer aussprechen. *Ein (relatives)* Maximum ist daran zu erkennen, daß die *hinreichend nahe* rechts und links davon gelegenen Kurvenpunkte eine kleinere Ordinate haben als der Punkt selbst. Wenn also $(x_0, f(x_0))$ der Punkt von $y = f(x)$ ist, dann hat die Kurve da *ein Maximum*, wenn es eine positive Zahl ε gibt, so daß $f(x) < f(x_0)$, immer dann,

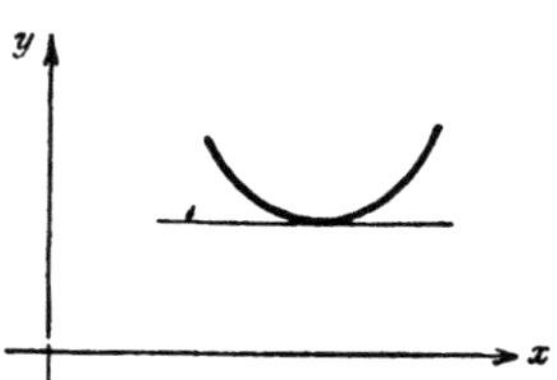

Fig. 20a.

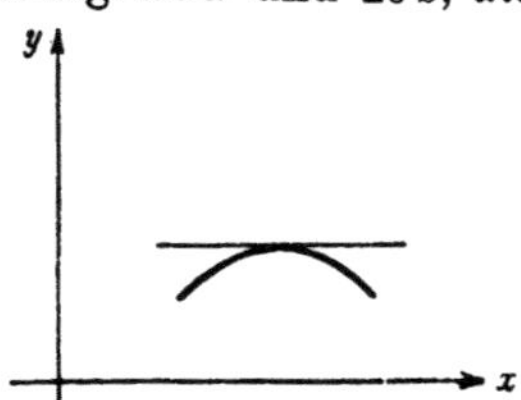

Fig. 20b.

wenn $|x - x_0| < \varepsilon$. Wenn aber dann immer $f(x) > f(x_0)$ ist, so hat die Kurve dort *ein Minimum*. Setzen wir nun überdies voraus, daß die Funktion an der betreffenden Stelle differenzierbar ist, so muß die erste Ableitung daselbst verschwinden.

Bemerkung: Auch die in Fig. 5, S. 11 dargestellte Funktion hat in ihrem höchsten Punkt ein Maximum, und doch verschwindet dort die erste Ableitung nicht, aus dem einfachen Grunde, weil die Funktion dort gar nicht differenzierbar ist.

Für Maximum und Minimum haben wir so nur ein gemeinsames Kennzeichen, das dazu noch trügerisch ist, denn die Fig. 20c zeigt uns, daß trotz verschwindender Ableitung weder Maximum noch Minimum vorzuliegen braucht, daß auch dann noch die Kurve z. B. wachsend den betreffenden Punkt passieren kann. Um zu erkennen, welcher Fall eintritt, muß man den Verlauf der ersten Ableitung selbst als Funktion von x näher untersuchen. Die erste Ableitung möge, wie wir voraussetzen wollen, selbst eine differenzierbare Funktion sein. Ihre erste Ableitung heißt zweite Ableitung von $f(x)$ und wird als solche mit $f''(x)$ bezeichnet oder auch mit $\frac{d^2 f}{d x^2}$. Analog wird die dritte Ableitung von $f(x)$ als erste Ableitung der zweiten definiert und so bezeichnet: $\frac{d^3 f}{d x^3} = f'''(x)$. Das Vorzeichen der zweiten Ableitung gibt nun an, ob beim Passieren des betreffenden Punktes die Tangentenrichtung steiler oder flacher wird. Wenn nämlich $f''(x_0) > 0$ ist, so wird beim Passieren des Punktes die Tangentenrichtung

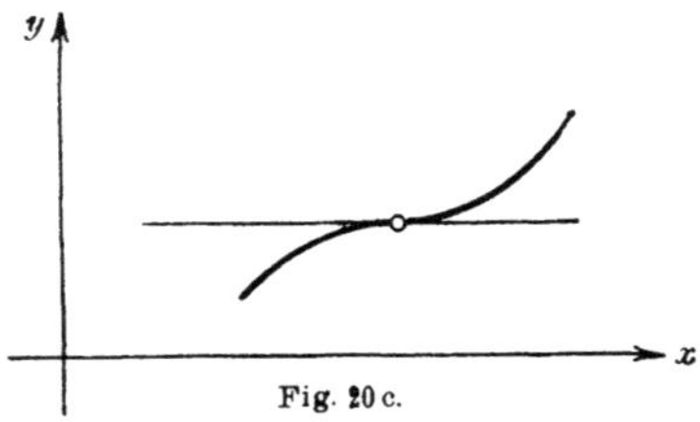

Fig. 20c.

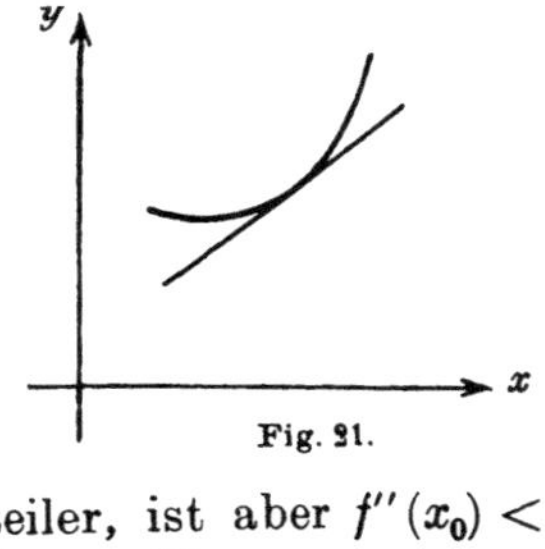

Fig. 21.

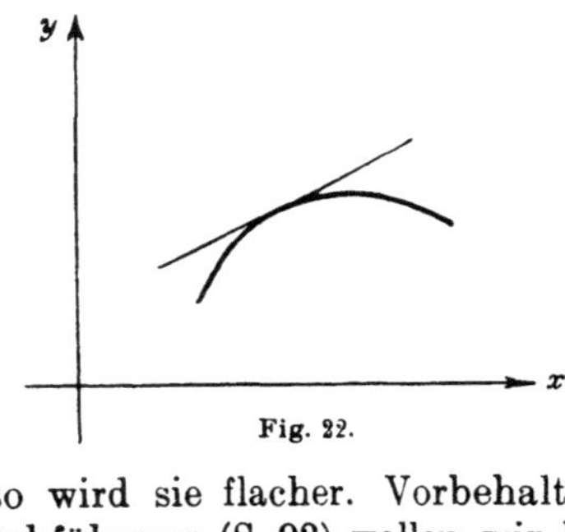

Fig. 22.

steiler, ist aber $f''(x_0) < 0$, so wird sie flacher. Vorbehaltlich einer späteren genaueren Durchführung (S. 93) wollen wir hier noch nachstehende Folgerungen aus dieser Feststellung ziehen. Geometrisch entspricht dem Steilerwerden der Tangentenrichtung eine nach oben, d. h. gegen die positive Richtung der

y-Achse, offen gekrümmte Kurve. Man nennt sie *konkav*. Der Leser wird dies leicht aus der Fig. 21 entnehmen. Wird aber die Tangentenrichtung flacher, so ist die Kurve *konvex* nach oben, sieht also so aus wie Fig. 22. Aus diesen Bemerkungen ersieht der Leser nun jetzt schon ein zwischen Maximum und Minimum entscheidendes Kennzeichen. *Ist die erste Ableitung in einem Kurvenpunkt Null, so liegt ein Maximum vor, wenn die zweite Ableitung negativ ist:* $f''(x_0) < 0$, *wenn aber die zweite Ableitung positiv ist:* $f''(x_0) > 0$, *so liegt ein Minimum vor.* Wenn aber die zweite Ableitung verschwindet, so wird im allgemeinen weder Maximum noch Minimum vorliegen, wir haben es mit einem *Wendepunkt* zu tun (Fig. 20c, S. 83). Die Kurve wechselt da also die Art der Krümmung. Sie geht von Konvexität zu Kon-

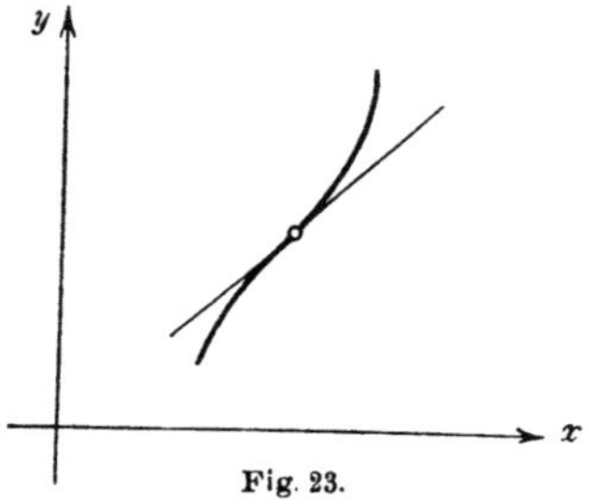

Fig. 23.

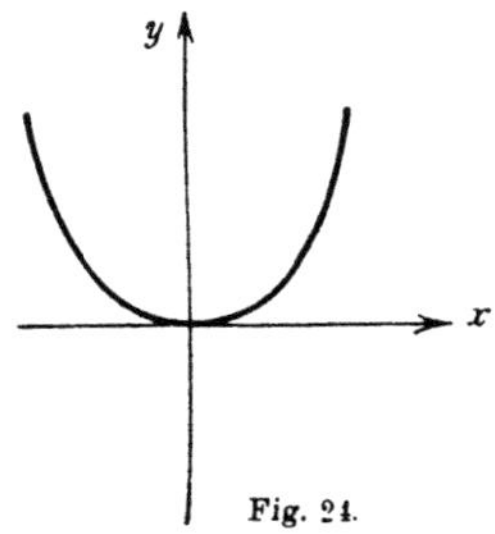

Fig. 24.

kavität über. So ist es auch in dem Wendepunkte mit nicht horizontaler Tangente Fig. 23. Indessen ist durch diese Bemerkungen das letzte Wort noch nicht gesprochen. Denn wie man aus $y = x^4$ ersieht, ist eine verschwindende zweite Ableitung unter Umständen ganz gut mit dem Auftreten von Maximum oder Minimum verträglich. Fig. 24 veranschaulicht die Kurve $y = x^4$ bei $x = 0$, wo $y' = 0$ und $y'' = 0$. Wir werden später sehen, daß in solchen Fällen die Vorzeichen der höheren Ableitungen den Ausschlag geben.

§ 4. Einiges über Kurvendiskussion. Man wird oft vor die Aufgabe gestellt, den Verlauf einer Kurve in groben Zügen anzugeben. Man will also eine ungefähre Vorstellung über den Verlauf der Kurve haben, ohne daß zunächst eine allzu genaue Kenntnis der einzelnen Kurvenpunkte nötig ist. Zur Lösung derartiger Aufgaben gibt die Betrachtung der Ableitungen ein gutes Mittel an die Hand. Wir wollen das in ein paar Beispielen etwas näher ausführen. Sei zunächst der Verlauf von $y = (x - 1)(x - 2)(x - 3)$ festzustellen. Daß die Kurve bei $x = 1, 2, 3$ die x-Achse passiert, sieht man sofort. Die erste Ableitung wird $y' = (x - 1)(x - 2) + (x - 1)(x - 3) + (x - 2)(x - 3)$. Die zweite ist $y'' = 2(x - 1 + x - 2 + x - 3) = 6(x - 2)$. Daraus ersieht man, daß links von $x = 2$ die Kurve konvex, rechts von $x = 2$ dagegen konkav ist. Bei $x = 2$ also liegt ein Wendepunkt. Wenn man weiter beachtet, daß die Kurvenordinaten bei jeder endlichen Abszisse endlich sind, so erkennt man schon, daß die Kurve nur so verlaufen kann, wie in der Fig. 25 gezeichnet ist.

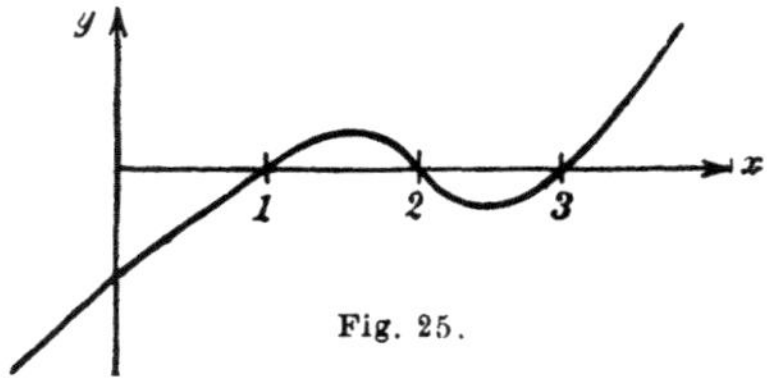

Fig. 25.

Das nächste Beispiel sei

$$y = \frac{x}{1 + x^2}.$$

Hier wird $y' = \frac{1 - x^2}{(1 + x^2)^2}$. Man erkennt ohne weiteres, daß für $x^2 > 1$ immer $y' < 0$, und daß für $x^2 < 1$ immer $y' > 0$. Also links von $x = -1$ und rechts von $x = +1$ fällt die Kurve. Zwischen $x = -1$ und $x = +1$ steigt sie an. Daher liegt bei $x = -1$ ein Minimum, bei $x = +1$ ein Maximum. Ferner ist für $x < 0$ auch $y < 0$ und für $x > 0$ auch $y > 0$. Endlich ist

$$\lim_{x \to +\infty} \frac{x}{1 + x^2} = 0 \quad \text{und} \quad \lim_{x \to -\infty} \frac{x}{1 + x^2} = 0.$$

Daher muß die Kurve so aussehen: (Fig. 26). (Daß sie durch den Koordinatenanfang geht, sieht man ja sofort.)

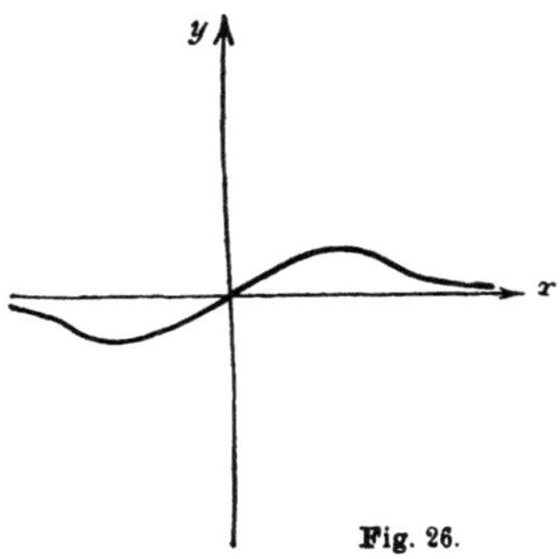

Fig. 26.

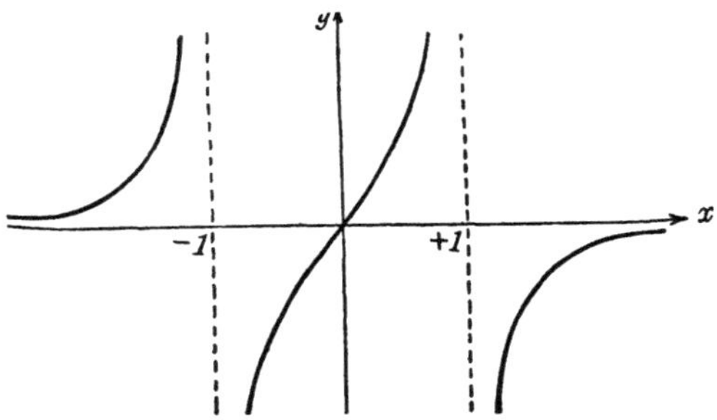

Fig. 27.

Das letzte Beispiel sei $y = \frac{x}{1 - x^2}$. Hier ist $y' = \frac{1 + x^2}{(1 - x^2)^2}$. Für $x \to \mp 1$ strebt $y \to \infty$. An allen anderen Stellen ist y endlich. Ferner ist $\lim\limits_{x \to +\infty} \frac{x}{1 - x^2} = 0$ und $\lim\limits_{x \to -\infty} \frac{x}{1 - x^2} = 0$. Man sieht, daß $y > 0$ für $x < -1$ und für $0 < x < 1$ und daß $y < 0$ für $x > 1$ und für $-1 < x < 0$. Ferner steigt die Kurve immer an. Also muß sie so aussehen, wie Fig. 27 zeigt.

VII. Die Taylorsche Formel.

§ 1. Der Satz von Rolle. In einem Intervall $a \leqq x \leqq b$ sei die Funktion $f(x)$ stetig und differenzierbar. Diese im abgeschlossenen Intervall stetige Funktion besitzt im Intervall Maxima und Minima, wofern sie nicht überall denselben konstanten Wert hat (S. 62). Diese Maxima und Minima können am Intervallanfang oder Intervallende liegen oder im Innern des Intervalles. Wir haben schon auf S. 83 gesehen, daß in den im *Innern* des Intervalls gelegenen Maxima und Minima die erste Ableitung $f'(x)$ verschwinden muß. (Im Anfang oder Ende des Intervalls läßt sich das nicht behaupten, da ja am Anfang die Funktion z. B. nur größer ist als in den Punkten rechts davon.) Wenn nun die Funktion an Anfang und Ende des Intervalls verschwindet, so sind wir sicher, daß die vielleicht vorhandenen Maxima oder Minima im Innern des Intervalls liegen. Auf alle Fälle gibt es dann also im Innern des Intervalls Stellen, wo die erste Ableitung verschwindet. So erhalten wir den *Satz von Rolle: Sei $f(x)$ für $a \leqq x \leqq b$ stetig und differenzierbar, und sei $f(a) = f(b) = 0$. Dann gibt es im Innern des Intervalles mindestens eine Stelle ξ, für die $f'(\xi) = 0$* ist. Wir können den Satz auch so aussprechen: *Zwischen zwei Nullstellen von $f(x)$ liegt mindestens eine von $f'(x)$.*

§ 2. Der Mittelwertsatz der Differentialrechnung. Eine der wichtigsten Folgerungen aus dem Satz von Rolle ist der sogenannte *Mittelwertsatz* der Differentialrechnung. Er lautet:

Wenn die Funktion $f(x)$ für $x_0 \leqq x \leqq x_0 + h$ stetig und differenzierbar ist, so gibt es in diesem Intervall mindestens eine Stelle $x = x_0 + \vartheta h$ $(0 < \vartheta < 1)$, für die $f(x_0 + h) - f(x_0) = hf'(x_0 + \vartheta h)$.

Sein geometrischer Sinn ist dieser: $\frac{f(x_0 + h) - f(x_0)}{h} = f'(x_0 + \vartheta h)$ bedeutet, daß es im Intervall eine Stelle $x_0 + \vartheta h$ gibt, für welche die Kurventangente der die Punkte $x_0, f(x_0)$ und $x_0 + h, f(x_0 + h)$ verbindenden Sehne parallel ist. In dieser Form ist der Satz geometrisch einleuchtend. Aber das enthebt uns nicht der Pflicht, seine Gültigkeit für die Begriffe, durch welche wir die anschaulichen Vorstellungen ersetzt haben, zu beweisen. Wir können ihn aus dem Satz von Rolle sofort gewinnen, sowie wir von der vorgelegten Kurve die Ordinaten der Sehne abziehen, und so zu einer Kurve übergehen, deren Ordinaten die Abweichung unserer Kurve von ihrer Sehne angeben. Wir betrachten also die Hilfsfunktion

$$\varphi(x) = f(x) - f(x_0) - \frac{f(x_0 + h) - f(x_0)}{h}(x - x_0).$$

Hier ist nun aber $\varphi(x_0) = \varphi(x_0 + h) = 0$. Also gibt es nach

Rolle eine Stelle $x_0 + \vartheta h (0 < \vartheta < 1)$ zwischen x_0 und $x_0 + h$, wo $\varphi'(x_0 + \vartheta h) = 0$ ist. Nun aber ist

$$\varphi'(x) = f'(x) - \frac{f(x_0 + h) - f(x_0)}{h}.$$

Also wird

$$0 = \varphi'(x_0 + \vartheta h) = f'(x_0 + \vartheta h) - \frac{f(x_0 + h) - f(x_0)}{h}.$$

Daraus entnimmt man den Mittelwertsatz. Dieser Satz ist von großer Wichtigkeit. Er bietet ein Mittel, um den Unterschied zweier Kurvenordinaten zu beurteilen. Er gibt also ein Mittel an, um festzustellen, mit welcher Genauigkeit man in einem Intervall eine Kurve durch eine einzige Ordinate ersetzen kann, d. h. durch eine Gerade, die im Abstand einer Ordinate parallel zur x-Achse verläuft. Auf den ersten Blick scheint diese Aufgabe durch die Formel des Mittelwertsatzes nur sehr unvollkommen gelöst. Denn sie drückt ja die Differenz $f(x_0 + h) - f(x_0)$ durch den Wert der ersten Ableitung an einer Stelle aus, deren Existenz wir zwar nachgewiesen haben, deren genaue Lage wir aber darum doch nicht kennen. Demgegenüber muß man aber bedenken, daß die Frage, die wir uns vorgelegt haben, nur von der Beurteilung der Genauigkeit eines *Näherungswertes* handelt. Dazu brauchen wir aber den numerischen Wert des Fehlers gar nicht exakt zu kennen, denn dann brauchen wir keine Näherungen mehr. Dazu genügt es, zu wissen, daß der Fehler höchstens so oder so groß sein kann. Da sagt aber z. B. unsere Formel, daß der Fehler höchstens das h-fache vom Maximum der ersten Ableitung im Intervall $x_0 - h \leqq x \leqq x_0 + h$ sein kann. Von der Größe dieses Maximums kann man sich aber im allgemeinen leicht eine Vorstellung verschaffen. Ein Beispiel mag das noch etwas klarer machen. Die erste Ableitung von $\sqrt{1 + x}$ ist $\frac{1}{2\sqrt{1+x}}$. Man erkennt, daß hier $\frac{1}{\sqrt{1+x}}$ für $|x| < \frac{1}{100}$ kleiner ist als $\frac{10}{\sqrt{99}} < 1{,}006\ldots$ dem Betrag nach. Mit welcher Genauigkeit kann ich nun im Intervall $\frac{99}{100} < 1 + x < \frac{101}{100}$ die Funktion $\sqrt{1+x}$ durch 1 annähern? Sei $1 + h$ eine Stelle aus diesem Intervall, dann ist $\sqrt{1+h} - 1 = h \frac{1}{2\sqrt{1+\vartheta h}}$. Hier ist nun $\frac{1}{\sqrt{1+\vartheta h}} < 1{,}006$ und $|h| < \frac{1}{100}$. Also ist der Fehler der Näherung höchstens 0,00503. Ebenso findet man für $|h| < \frac{1}{10}$ einen Maximalfehler von 0,053.

§ 3. Einige Anwendungen des Mittelwertsatzes. 1. *Wenn in einem Intervall $a \leqq x \leqq b$ überall $f(x)$ stetig und differenzierbar* *ist, und wenn überall im Intervall* $f'(x) = 0$, *so ist* $f(x)$ *eine Konstante.* Wenn nämlich $a + h$ irgendeine Stelle des Intervalles ist, so ist nach dem Mittelwertsatz $f(a+h) - f(a) = hf'(a+\vartheta h)$. Da aber die erste Ableitung überall verschwindet, so ist für alle h $f(a+h) = f(a)$.

2. Erneut (S. 80), aber weniger allgemein ergibt sich, daß positives Vorzeichen der ersten Ableitung ein Steigen der Funktion nach sich zieht: Denn sei in einem die Stelle x_0 umgebenden Intervall durchweg die erste Ableitung positiv. Weil für jede Stelle dieses Intervalles $f(x_0+h) - f(x_0) = hf'(x_0+\vartheta h)$ ist, so ist für positives h immer $f(x_0+h) > f(x_0)$ und für negatives h immer $f(x_0+h) < f(x_0)$.

Bemerkung: Hier müssen wir ein ganzes Intervall haben, in dem die erste Ableitung positiv ist. Auf S. 80 mußten wir nur wissen, daß an der Stelle x_0 selbst die erste Ableitung positiv ist. Das ist nicht ganz soviel. Wenn wir aber außerdem noch wissen, daß die erste Ableitung dort stetig ist, so haben wir damit sofort ein solches Intervall. Aber es kann natürlich auch ein solches Intervall geben, ohne daß die erste Ableitung stetig ist.

3. Falle $f(x_0) = 0$, $f'(x) > 0$ ist in einem Intervall um x_0, so hat $f(x_0+h)$ das gleiche Vorzeichen wie h. Denn es ist ja jetzt $f(x_0+h) = hf'(x_0+\vartheta h)$.

4. Wir wollen analytisch untersuchen, ob eine Kurve in der Nähe des Berührungspunktes oberhalb oder unterhalb ihrer Tangente verläuft. Dazu müssen wir die Differenz $f(x_0+h) - f(x_0) - hf'(x_0)$ untersuchen. Um das bequem machen zu können, stellen wir folgende Überlegung an. Es mögen x_0 und $x_0 + h$ zwei feste Stellen bezeichnen. Dagegen soll $x_0 + k$ zwischen x_0 und $x_0 + h$ variabel sein (also k zwischen 0 und h). Jedenfalls ist nun, wenn wir die Existenz der zweiten Ableitung voraussetzen, für jedes ξ zwischen 0 und h und für passendes ϑ

$$f'(x_0+\xi) - f'(x_0) - \xi f''(x_0+\vartheta\xi) = 0.$$

Daher ist für positive h, ξ, k

$$f'(x_0+\xi) - f'(x_0) - \xi \operatorname{Max.} f''(x_0+k) < 0 \qquad \text{und}$$

$$f'(x_0+\xi) - f'(x_0) - \xi \operatorname{Min.} f''(x_0+k) > 0 \quad \text{für } 0 \leq \xi \leq h.$$

Diese Ausdrücke sind nun aber die Ableitungen *nach* ξ von

$$f(x_0+\xi) - f(x_0) - \xi f'(x_0) - \frac{\xi^2}{2} \operatorname{Max.} f''(x_0+k)$$

und von

$$f(x_0+\xi) - f(x_0) - \xi f'(x_0) - \frac{\xi^2}{2} \operatorname{Min.} f''(x_0+k).$$

Beide Ausdrücke verschwinden für $\xi = 0$. Also können wir hier das unter Nr. 3 Gesagte anwenden. Wir finden für positives ξ

$$f(x_0 + \xi) - f(x_0) - \xi f'(x_0) - \frac{\xi^2}{2} \operatorname{Max.} f''(x_0 + k) < 0$$

$$f(x_0 + \xi) - f(x_0) - \xi f'(x_0) - \frac{\xi^2}{2} \operatorname{Min.} f''(x_0 + k) > 0;$$

für negatives ξ haben wir immer die entgegengesetzten Vorzeichen. Daraus schließen wir, daß auch der Ausdruck $f(x_0 + h) - f(x_0) - hf'(x_0)$ einem Werte zwischen $\frac{h^2}{2}$ Max. $f''(x_0 + k)$ und $\frac{h^2}{2}$ Min. $f''(x_0 + k)$ gleich sein muß. Da aber die stetige zweite Ableitung alle Werte zwischen ihrem Maximum und Minimum im Intervall annimmt, so gibt es mindestens eine Stelle im Intervall, an der

$$f(x_0 + h) - f(x_0) - hf'(x_0) = \frac{h^2}{2} f''(x_0 + \vartheta h).$$

So haben wir die Abschätzung unserer Differenz gefunden. Um nur ein paar Anwendungen herauszugreifen, so sei die zweite Ableitung im Intervall $x_0 - \delta < x < x_0 + \delta$ positiv. Das hat zur Folge, daß dort die Kurve oberhalb ihrer Tangente verläuft. Sie ist also nach oben konkav (Fig. 21, S. 83). Wenn insbesondere die Tangente horizontal ist, so liegt in diesem Fall ein Minimum vor. Ebenso erkennt man, daß bei negativer zweiter Ableitung die Kurve unter ihrer Tangente verläuft, also konvex ist. Bei horizontaler Tangente liegt jetzt wieder ein Maximum vor. Man erkennt auch, daß man wegen der Stetigkeit der zweiten Ableitung nur das Vorzeichen in dem betreffenden Punkt selbst zu kennen braucht, um daraus einen Schluß auf das Vorzeichen in einem ganzen Intervall um den Punkt ziehen zu können.

Beispiel: Wir wollen wieder das auf S. 87 behandelte Beispiel vornehmen, damit uns recht deutlich zu Bewußtsein kommt, daß die Tangente die Kurve besser approximiert als die Horizontale. Es war $y = \sqrt{1 + x}$, $y' = \frac{1}{2} \frac{1}{\sqrt{1 + x}}$, und es ist $y'' = -\frac{1}{4} \frac{1}{\sqrt{(1 + x)^3}}$. Für $|x| < \frac{1}{100}$ ist nun aber

$$\left| x^2 \frac{y''}{2} \right| < \frac{1}{8} \left(\frac{10}{\sqrt{99}} \right)^3 \frac{1}{10^4} < 0{,}00002$$

und für $|x| < \frac{1}{10}$ ist

$$\left| x^2 \frac{y''}{2} \right| < \frac{1}{8} \left(\sqrt{\frac{10}{9}} \right)^3 \cdot \frac{1}{10^2} < 0{,}002.$$

Also wird die Funktion $\sqrt{1+x}$ durch $1 + \frac{1}{2}x$ approximiert, und zwar bis auf einen Maximalfehler von $\frac{2}{10^5}$ im Intervall $-\frac{1}{10^2} \leqq x \leqq \frac{1}{10^2}$ und bis auf einen Maximalfehler von $\frac{2}{10^3}$ im Intervall $-\frac{1}{10} \leqq x \leqq \frac{1}{10}$.

Den Prozeß, der uns zur Approximation der Kurve durch ihre Tangente führte, können wir fortsetzen. Wenn wir annehmen, daß sich $f''(x)$ nur langsam ändert, so wird es nahe liegen, die genaue Korrektur $\frac{h^2}{2} f''(x_0 + \vartheta h)$ durch $\frac{h^2}{2} f''(x_0)$ zu ersetzen, um so eine noch bessere Approximation als durch die Tangente zu erzielen. Wir haben also dann die Differenz

$$f(x_0 + h) - f(x_0) - h f'(x_0) - \frac{h^2}{2} f''(x_0)$$

zu untersuchen. Geometrisch bedeutet dies, daß wir die Kurve statt durch ihre Tangente durch eine Parabel mit senkrechter Achse approximieren, die in $x = x_0$, $y = f(x_0)$ die Kurve berührt. Denn die allgemeine Gleichung einer Parabel mit senkrechter Achse lautet $y = a_0 + b(x - x_0) + c(x - x_0)^2$. Soll sie aber die Kurve in zweiter Ordnung berühren, d. h. in derselben Richtung den Punkt passieren wie die Kurve selbst, und dort noch die zweite Ableitung $f''(x_0)$ mit ihr gemeinsam haben, so ist

$$y = f(x_0) + f'(x_0)(x - x_0) + \frac{f''(x_0)}{2}(x - x_0)^2$$

oder

$$y = f(x_0) + f'(x_0) h + \frac{f''(x_0)}{2} h^2$$

ihre Gleichung. Die erneute Anwendung unseres Verfahrens zur Untersuchung der Differenz würde ergeben

$$f(x_0 + h) = f(x_0) + h f'(x_0) + \frac{h^2}{2} f''(x_0) + \frac{h^3}{3!} f'''(x_0 + \vartheta h) \, (0 < \vartheta < 1).$$

So können wir beliebig fortfahren und die Kurve in der Umgebung eines Punktes durch „Parabeln“ von immer höherem Grade approximieren, deren Gleichungen in immer mehr Ableitungen mit den Ableitungen der zu approximierenden Kurve übereinstimmen. Wenn die Funktion

$$y = a_0 + a_1 x + a_2 x^2 + \cdots + a_n x^n$$

möglichst viele Ableitungen bei $x = x_0$ mit $f(x)$ gemeinsam haben soll, so muß sie notwendig von der Form

$$y = f(x_0) + f'(x_0)(x - x_0) + f''(x_0)\frac{(x - x_0)^2}{2} \cdots + f^{(n)}(x_0)\frac{(x - x_0)^n}{n!}$$

sein. Denn man kann sie nach Potenzen von $x - x_0$ entwickeln. Trägt man nämlich $x = x_0 + (x - x_0)$ ein und ordnet dann nach Potenzen von $x - x_0$, so wird

$$y = c_0 + c_1(x - x_0) + c_2(x - x_0)^2 + \cdots + c_n(x - x_0)^n.$$

Die Werte der Ableitungen bei $x = x_0$ werden $c_0, c_1, 2c_2, \ldots n!\, c_n$. Wenn sie mit den Ableitungen von $f(x)$ übereinstimmen sollen, so findet man

$$c_0 = f(x_0),\ c_1 = f'(x_0)\ \ldots\ c_n = \frac{f^{(n)}(x_0)}{n!}.$$

Es stimmen also n Ableitungen überein. Mehr können im allgemeinen nicht gemeinsam sein, da die folgenden Ableitungen der ganzen rationalen Funktion verschwinden. Unsere nächste Aufgabe ist es nun, zu beurteilen, mit welcher Genauigkeit durch den angegebenen Ausdruck die Funktion $f(x)$ approximiert wird. Wir überlassen es dem Leser, den in diesem Paragraphen angedeuteten Weg bis zu diesem Ziel zu verfolgen. Wir wollen im nächsten Paragraphen einen etwas anderen Gedankengang verfolgen, der uns etwas mehr liefert, als wir so gewinnen könnten.

§ 4. Beweis der Taylorschen Formel. Wir machen den folgenden Ansatz:

$$f(x_0 + h) = f(x_0) + hf'(x_0) + \frac{h^2}{2!}f''(x_0)$$
$$\cdots + \frac{h^{n-1}f^{(n-1)}(x_0)}{(n-1)!} + h^p \cdot Q.$$

Für Q wollen wir einen handlichen Ausdruck gewinnen. Dieser Ansatz rechtfertigt sich durch die Erfahrungen, die wir in speziellen Fällen gemacht haben. Zur folgenden Untersuchung wollen wir annehmen, daß in einem Intervall $a \leqq x \leqq b$, dem die Stelle x_0 angehört, $f(x)$ samt allen seinen Ableitungen bis zur $n$ten einschließlich endliche eindeutige Funktionen seien. Die Stetigkeit der Funktion samt den $n - 1$ ersten Ableitungen folgt hieraus nach S. 67 von selbst. Nun setze ich $X = x_0 + h$ und betrachte die Funktion

$$F(x) = f(X) - f(x) - f'(x)(X - x)$$
$$- \cdots - f^{(n-1)}(x)\frac{(X - x)^{n-1}}{(n-1)!} - Q(X - x)^p.$$

Dabei ist die Zahl Q immer noch durch die Gleichung zu Beginn des Paragraphen erklärt. Es ist also

$$F(x_0) = 0 = f(X) - f(x_0) - f'(x_0)(X - x_0)$$
$$- \cdots - f^{(n-1)}(x_0)\frac{(X - x_0)^{n-1}}{(n-1)!} - Q(X - x_0)^p.$$

Nun bilde ich $F'(x)$. Ich finde

$$F'(x) = Q p (X - x)^{p-1} - f^{(n)}(x) \frac{(X - x)^{n-1}}{(n-1)!}.$$

Nun ist aber $F(x_0) = F(X) = 0$. Also muß $F'(x)$ nach dem Rolleschen Satz an einer Stelle ξ zwischen x_0 und $X = x_0 + h$ verschwinden. Das liefert

$$0 = F'(\xi) = Q p (X - \xi)^{p-1} - f^{(n)}(\xi) \frac{(X - \xi)^{n-1}}{(n-1)!}.$$

Daraus entnehme ich, wenn ich wieder $X = x_0 + h$ und $\xi = x_0 + \vartheta h$ setze,

$$Q = \frac{f^{(n)}(x_0 + \vartheta h)}{(n-1)!} \frac{(1 - \vartheta)^{n-p} \cdot h^{n-p}}{p}.$$

Setze ich also $r_n = Q h^p$, so finde ich

$$r_n = \frac{f^{(n)}(x_0 + \vartheta h)}{(n-1)!} \frac{(1 - \vartheta)^{n-p} h^n}{p}.$$

Bisher haben wir über die Zahl p keine besondere Annahme gemacht. Wir wollen nun zwei Fälle besonders betrachten, nämlich $p = 1$ und $p = n$. Für das Restglied r_n der *Taylorschen Formel* haben wir dann zwei Ausdrucksformen gefunden, nämlich

1. $r_n = \frac{f^{(n)}(x_0 + \vartheta_1 h)}{(n-1)!} (1 - \vartheta_1)^{n-1} h^n$ *Cauchys* Form des Restgliedes.

2. $r_n = \frac{f^{(n)}(x_0 + \vartheta_2 h)}{n!} h^n$ *Lagranges* Form des Restgliedes.

Man kann die Taylorsche Formel noch in zwei anderen oft benutzten Formen aussprechen, nämlich einmal so, wenn ich $x = x_0 + h$ setze,

$$f(x) = f(x_0) + (x - x_0) f'(x_0) + \frac{(x - x_0)^2}{2} f''(x_0) + \cdots$$

$$+ \frac{(x - x_0)^{n-1}}{(n-1)!} f^{(n-1)}(x_0) + \begin{cases} \dfrac{(x - x_0)^n}{(n-1)!} f^{(n)}(x_0 + \vartheta_1 (x - x_0)) (1 - \vartheta_1)^{n-1} \\ \dfrac{(x - x_0)^n}{n!} f^{(n)}(x_0 + \vartheta_2 (x - x_0)) \end{cases}$$

oder, wenn ich insbesondere $x_0 = 0$ nehme und x statt h schreibe, auch so:

$$f(x) = f(0) + x f'(0) + \frac{x^2}{2} f''(0) + \cdots + \frac{x^{n-1}}{(n-1)!} f^{(n-1)}(0)$$

$$+ \begin{cases} \dfrac{x^n}{(n-1)!} f^{(n)}(\vartheta_1 x) (1 - \vartheta_1)^{n-1} \\ \dfrac{x^n}{n!} f^{(n)}(\vartheta_2 x) \end{cases}$$

Für diese letztere Formel hat man ganz unnötigerweise noch einen besonderen Namen eingeführt. Sie heißt die *Mac Laurinsche Formel*. Das wichtigste an diesen Formeln sind die Restglieder. Denn sie lassen erst ein Urteil darüber zu, ob die ersten Terme rechts wirklich eine Approximation der Funktion liefern, und mit welcher Genauigkeit man sie zur Darstellung der Funktion verwenden kann. Diese Formeln erlauben nun auch für Funktionen wie e^x, $\sin x$ usw., für die bisher eigentliche analytische Ausdrücke nicht vorlagen, solche anzugeben. So gewinnen wir die Mittel, diese Funktionen für gegebene Werte von x wirklich zu berechnen. Das soll in einigen der nächsten Paragraphen weiter verfolgt werden.

§ 5. Maxima und Minima. Wir sind nun in der Lage, die Frage nach den Maxima und den Minima der Funktionen abschließend zu behandeln. An verschiedenen Stellen sind uns diese Extreme schon begegnet. Zuerst wohl auf S. 62, wo wir allgemein erkannten, daß eine jede in einem abgeschlossenen Intervall stetige Funktion in diesem Intervall einen größten und einen kleinsten Wert besitzt. Diese Extreme werden wir zweckmäßig als *absolute Extreme* bezeichnen, da es unter *allen* Werten des endlichen Intervalles die größten bzw. kleinsten sind. Eine Erweiterung der Definition des Maximums und des Minimums nahmen wir dann auf S. 82/83 vor. Wir führten da die *relativen Extreme* ein. Wir nannten einen Punkt ein relatives Maximum einer Kurve, wenn alle Kurvenpunkte, deren Abszissen einem passend gewählten, nicht zu großen Intervall um die Abszisse dieses Punktes angehören, kleinere Ordinaten besitzen. Der Punkt ist also der höchste aus seiner Umgebung. Es braucht nicht der allerhöchste im ganzen Intervall zu sein. Hier haben wir nun namentlich die im Innern des Intervalles gelegenen Extreme betrachtet. Wir können sie mit ihrer beiderseitigen Nachbarschaft vergleichen, während dies am Intervallanfang z. B. nicht möglich ist, weil uns da nur zur Rechten Kurvenpunkte zur Verfügung stehen. Sei nun bei $x = x_0 (a < x_0 < b)$ ein solches relatives Extrem im Intervallinnern gegeben, so wollen wir annehmen, daß alle Ableitungen von $f(x)$, von welchen weiterhin die Rede sein wird, in dem Intervall $a < x < b$ stetig sind. Dann lehrt uns die Formel $f(x_0 + h) - f(x_0) = hf'(x_0 + \vartheta h)$, daß $f'(x_0)$ weder positiv noch negativ sein kann, denn sonst wäre wegen der Stetigkeit auch für genügend kleines h: $f'(x_0 + \vartheta h) > 0$ bzw. < 0. Dann würde aber bei Vorzeichenveränderung von h die Differenz ihr Vorzeichen ändern. Soll dies nicht der Fall sein, *so muß* $f'(x_0) = 0$ sein. Nun haben wir für die Differenz

$$f(x_0 + h) - f(x_0) = \frac{h^2}{2} f''(x_0 + \vartheta h).$$

Man erkennt, daß diese Differenz für $f''(x_0) > 0$ in einem gewissen Intervall immer positiv ist, daß also ein Minimum vorliegt. Ebenso schließt man aus $f''(x_0) < 0$ auf ein Maximum. Wenn aber $f''(x_0) = 0$, so versagt dieser Schluß. Dann betrachten wir die Differenz

$$f(x_0 + h) - f(x_0) - hf'(x_0) - \frac{h^2}{2} f''(x_0),$$

die aber wegen $f'(x_0) = f''(x_0) = 0$ mit $f(x_0 + h) - f(x_0)$ zusammenfällt. Ihr Wert ist $\frac{h^3}{3!} f'''(x_0 + \vartheta h)$. Wegen des Vorkommens der ungeraden Potenz h^3, die bei Vorzeichenwechsel von h ihr Vorzeichen wechselt, schließt man wie bei der ersten Ableitung, daß im Falle eines Extremes notwendig jetzt auch $f'''(x_0) = 0$ sein muß. Untere Differenz wird daher jetzt durch $\frac{h^4}{4!} f^{(4)}(x_0 + \vartheta h)$ dargestellt. Für $f^{(4)}(x_0) < 0$ liegt dann wieder ein Maximum vor, für $f^{(4)}(x_0) > 0$ ein Minimum. Wenn aber auch $f^{(4)}(x_0) = 0$, so muß man ähnlich wie vorhin weiter schließen. So findet man das folgende Resultat: Wenn bei der Abszisse x_0 die Funktion $f(x)$ ein Extrem besitzen soll, so muß notwendig $f'(x_0) = 0$ sein. Ob dann ein Extrem vorliegt oder nicht, entscheiden die höheren Ableitungen. Es kann nämlich nur dann ein Extrem vorliegen, wenn die erste bei x_0 nicht verschwindende Ableitung von *gerader* Ordnung ist. Ist diese dann positiv, so liegt ein Minimum vor. Ist sie aber negativ, so liegt ein Maximum vor. Falls indessen die erste nicht verschwindende höhere Ableitung von ungerader Ordnung ist, so liegt weder ein Maximum noch ein Minimum vor, sondern ein Wendepunkt. Er ist dadurch charakterisiert, daß die Kurve in ihm die Tangente durchsetzt. Dabei ist aber vorausgesetzt, daß es nichtverschwindende höhere Ableitungen gibt. Andernfalls *versagt* unsere Betrachtung. Ein Beispiel dieser Art werden wir im zweiten Band kennenlernen.

Analoge Kriterien gelten für die Konkavität und die Konvexität in einem beliebigen Kurvenpunkt. Man hat nur in dem Beweis den Teil, der vom Verschwinden der ersten Ableitung handelt, wegzulassen. Im Wortlaut des obigen Resultates hat man dann überall statt Maximum konvex und statt Minimum konkav zu lesen.

§ 6. Die Taylorsche Reihe. Wir wollen nun in Beispielen die Frage behandeln, inwieweit man eine vorgelegte Funktion durch eine Taylorsche Formel von genügender Gliederzahl mit jeder gewünschten Genauigkeit darstellen kann. Das Kriterium dafür besteht darin, daß das Restglied der Formel, das ja die Güte der erreichten Approximation bestimmt, für unendlich wachsende Gliederzahl der Formel gegen Null konvergiert. Durch diesen Grenzübergang erhalten wir dann eine konvergente unendliche Reihe, die die Funktion darstellt. Da sie nach Potenzen von x oder von $(x - x_0)$ fortschreitet, ist die so erhaltene *Taylorsche Reihe eine Potenzreihe*. Wir wollen das damit umschriebene Programm nun in einigen Beispielen durchführen.

Wir beginnen mit der Exponentialfunktion e^x. Da alle ihre Ableitungen wieder e^x sind, so finden wir unter Benutzung der Lagrangeschen Form des Restgliedes

$$e^x = 1 + x + \frac{x^2}{2!} + \frac{x^3}{3!} + \cdots + \frac{x^{n-1}}{(n-1)!} + \frac{x^n}{n!} e^{\vartheta x} (0 < \vartheta < 1).$$

Wir halten nun x fest und bestimmen zwei aufeinanderfolgende ganze Zahlen, zwischen welchen $|x|$ liegt. Sei also $m < |x| \leqq m + 1$. Dann ist jedenfalls $e^{\vartheta x} < e^{m+1}$. Ferner ist für $n > m$

$$\frac{x^n}{n!} = \frac{x^m}{m!} \frac{x}{m+1} \cdot \frac{x}{m+2} \cdots \frac{x}{n}.$$

Setzen wir $M = \frac{(m+1)^m}{m!} e^{m+1}$, und beachten, daß alle $\frac{|x|}{m+h}$ kleiner sind als 1, so finden wir, daß der Rest r_n der Ungleichung $r_n < \frac{|x| M}{n}$ genügt. Daher ist $\lim\limits_{n \to \infty} r_n = 0$. Für alle x gilt also diese Reihendarstellung von e^x:

$$e^x = 1 + x + \frac{x^2}{2!} + \frac{x^3}{3!} + \cdots + \frac{x^n}{n!} + \cdots$$

Einen besonderen Fall ($x = 1$) haben wir schon auf S. 52 rechnerisch verfolgt. Wir finden aus dem Restglied $r_{10} < \frac{1}{10^6}$ in Übereinstimmung mit unseren damaligen Überlegungen.

Wir gehen zu den trigonometrischen Funktionen über. Sei $f(x) = \sin x$. Man findet

$$\sin x = x - \frac{x^3}{3!} + \frac{x^5}{5!} + \cdots + (-1)^{n-1} \frac{x^{2n-1}}{(2n-1)!} + (-1)^n \frac{x^{2n+1}}{(2n+1)!} \cos \vartheta x.$$

Ebenso findet man

$$\cos x = 1 - \frac{x^2}{2!} + \frac{x^4}{4!} + \cdots + (-1)^{n-1} \frac{x^{2n-2}}{(2n-2)!} + (-1)^n \frac{x^{2n}}{(2n)!} \cos \vartheta x.$$

Genau wie bei der Exponentialfunktion findet man, daß $\lim\limits_{n\to\infty} r_n = 0$. Also gelten für sin x und cos x diese unendlichen Reihen

$$\sin x = x - \frac{x^3}{3!} + \frac{x^5}{5!} - + \cdots$$

$$\cos x = 1 - \frac{x^2}{2!} + \frac{x^4}{4!} - + \cdots$$

Wir wollen hiermit etwa sin 1^0 ausrechnen. Da wir in den Formeln Bogenmaß verwenden, so haben wir

$$x = \frac{\pi}{180} = 0{,}017\,453\ldots$$

einzutragen. Wir finden weiter

$$\frac{x^2}{2!} = 0{,}000\,152\ldots$$

$$\frac{x^3}{3!} = 0{,}000\,000\ldots$$

Daraus folgt $\sin\frac{\pi}{180} = 0{,}017\,45\cdots - \frac{x^3}{3!}\cos\vartheta x$

und $\cos\frac{\pi}{180} = 0{,}999\,84\cdots + \frac{x^4}{4!}\cos\vartheta x.$

In beiden Fällen beträgt also der Fehler weniger als eine Einheit der fünften Dezimale.

Wir behandeln noch den Logarithmus. Eine direkte Anwendung der Formeln auf log x führt nicht zum Ziel, da bei $x = 0$ der Logarithmus nicht differenzierbar ist. Wir wollen daher die Funktion $\log(1 + x)$ betrachten und auf sie die Maclaurinsche Formel anwenden. Wir finden zunächst *für positives* x bei Verwendung der Lagrangeschen Form des Restgliedes

$$\log(1+x) = x - \frac{x^2}{2} + \frac{x^3}{3}\cdots(-1)^n\frac{x^{n-1}}{n-1} + (-1)^{n+1}\frac{x^n}{n}\frac{1}{(1+\vartheta x)^n}.$$

Hier ist $0 < \frac{1}{(1+\vartheta x)^n} < 1$. Also ist dieser Rest kleiner als $\frac{x^n}{n}$. Dieser Ausdruck strebt sicher gegen Null, wenn $x \leqq 1$. Für $0 \leqq x \leqq 1$ stellt also die Taylorsche Reihe den $\log(1 + x)$ dar. Wie steht es aber bei $x > 1$? Man kann dem Ausdruck für r_n nicht unmittelbar ansehen, daß er dann nicht mehr dem Grenzwert Null zustrebt. Um uns nicht in eine längere Erörterung einzulassen, wollen wir einfacher feststellen, daß für $x > 1$ die Reihe überhaupt nicht konvergiert, daß sie also auch nicht den Logarithmus darstellen kann. Wir betrachten den Quotienten zweier aufeinanderfolgenden Glieder. Er ist bis aufs Vorzeichen $x\frac{n}{n+1}$. Sein Grenzwert für $n\to\infty$ ist x, also in unserem Fall größer als 1. Von einem gewissen Gliede an wachsen also die absoluten Beträge der Reihenglieder. Ihr Grenzwert kann daher nicht Null sein, er wächst, wie man nebenbei erkennt, sogar über alle Grenzen. Wir haben so nebenbei $\lim\limits_{n\to\infty}\frac{x^n}{n}=\infty$ für $x>1$. Wir gehen zu *negativem* x über. Hier verwenden wir die Cauchysche Form des Restgliedes. Wir finden

$$\log(1-x)=-x-\frac{x^2}{2}\cdots-\frac{x^{n-1}}{n-1}-x^n\frac{(1-\vartheta)^{n-1}}{(1-\vartheta x)^n}.$$

Der Rest ist dem Betrag nach kleiner als $x^n\frac{1}{1-x}$, wenn $x<1$ (nicht gleich 1). Sein Grenzwert ist also Null. Hier stellt die Reihe also die Funktion dar. Für $x=1$ finden wir die harmonische Reihe, die also nicht konvergiert. Und für $x>1$ haben wir auch keine Konvergenz. Somit haben wir das Schlußresultat

$$\log(1+x)=x-\frac{x^2}{2}+\frac{x^3}{3}-+\cdots$$

gilt für $-1<x\leqq+1$, d. h. so lange, als die Reihe überhaupt konvergiert.

Bemerkung: Die oben gefundenen Reihen für e^x, $\cos x$, $\sin x$ deuten auf einen tieferen Zusammenhang zwischen diesen drei Funktionen hin. Wir wollen ihn dem Leser nicht vorenthalten, wiewohl wir ihn hier nicht begründen können. Er offenbart sich, wenn wir imaginäre Werte von x zulassen. Bezeichnen wir also $\sqrt{-1}$ mit i, so finden wir ganz formal

$$e^{iy}=1+iy-\frac{y^2}{2!}-i\frac{y^3}{3!}+\frac{y^4}{4!}\cdots$$

Wir haben so ohne Beweis die *Eulersche Formel*: $e^{iy}=\cos y+i\sin y$. Sie ist für manche Rechnungen ein bequemes Hilfsmittel. Wenn wir z. B. $\cos ny$ durch $\cos y$ und $\sin y$ ausdrücken sollen, so können wir uns dazu der folgenden Methode bedienen: Es gilt der *Moivresche Satz*

$$e^{iny}=\cos ny+i\sin ny \quad \text{und} \quad e^{iny}=(\cos y+i\sin y)^n.$$

Nach dem binomischen Lehrsatz finden wir so z. B. für $n=4$:

$$\cos 4y+i\sin 4y=\cos^4 y+4i\cos^3 y\sin y-6\cos^2 y\sin^2 y$$
$$-4i\cos y\sin^3 y+\sin^4 y$$

und daraus $\cos 4y=\cos^4 y-6\cos^2 y\sin^2 y+\sin^4 y$

und $\sin 4y=4\cos^3 y\sin y-4\cos y\sin^3 y$,

Formeln, die man auch (allerdings weniger bequem) durch Rechnen bloß im Reellen in bekannter Weise ableiten kann. Man kann sie übrigens auch in mehr geometrischer Weise ohne Verwendung der Exponentialfunktion verifizieren.

Aus $e^{iy} = \cos y + i \sin y$ und $e^{-iy} = \cos y - i \sin y$ folgt

$$\cos y = \frac{e^{iy} + e^{-iy}}{2} \quad \text{und} \quad \sin y = \frac{e^{iy} - e^{-iy}}{2i}.$$

Anhang: Über hyperbolische Funktionen. Vielfach verwendet man mit Nutzen die Funktionen

$$\mathfrak{Cos}\, y = \frac{e^{y} + e^{-y}}{2}, \quad \mathfrak{Sin}\, y = \frac{e^{y} - e^{-y}}{2}.$$

Man liest auch hier Cosinus und Sinus und nennt die Funktionen hyperbolischer Cosinus und Sinus. Dementsprechend bezeichnet man sie auch mit $\cosh y$ und $\sinh y$. Die Benennungen Cosinus und Sinus erinnern an den engen Zusammenhang der Funktionen mit den trigonometrischen Funktionen. Man hat ja

$$\cos iy = \mathfrak{Cos}\, y \quad \text{und} \quad \sin iy = -i\, \mathfrak{Sin}\, y.$$

Die Zusätze hyperbolisch deuten darauf hin, daß diese Funktionen für die Parameterdarstellung der Hyperbel eine ähnliche Bedeutung haben, wie die trigonometrischen oder Kreisfunktionen beim Kreis. Man findet nämlich $\mathfrak{Cos}^2 y - \mathfrak{Sin}^2 y = 1$ [1]) entweder aus $\cos^2 y + \sin^2 y = 1$, oder aus den Darstellungen beider Funktionen durch die Exponentialfunktion, was vorzuziehen ist, wenn jemand dem Imaginären nicht trauen sollte. Wir haben ja auch die Verwendung des Imaginären nicht ordentlich begründet. Immerhin kann man es verwenden, um auch aus den Additionstheoremen der trigonometrischen Funktionen die für die hyperbolischen zu gewinnen. Man kann ja dann leicht mit Hilfe der Exponentialfunktion verifizieren. So findet man

$$\mathfrak{Cos}\,(y + z) = \mathfrak{Cos}\, y\, \mathfrak{Cos}\, z + \mathfrak{Sin}\, y \cdot \mathfrak{Sin}\, z,$$
$$\mathfrak{Sin}\,(y + z) = \mathfrak{Sin}\, y\, \mathfrak{Cos}\, z + \mathfrak{Cos}\, y \cdot \mathfrak{Sin}\, z.$$

Aus den Definitionsgleichungen findet man leicht

$$\frac{d\,\mathfrak{Cos}\, y}{dy} = \mathfrak{Sin}\, y, \quad \frac{d\,\mathfrak{Sin}\, y}{dy} = \mathfrak{Cos}\, y.$$

Setzt man noch $\mathfrak{Tg}\, y = \dfrac{\mathfrak{Sin}\, y}{\mathfrak{Cos}\, y}$, $\mathfrak{Ctg}\, y = \dfrac{\mathfrak{Cos}\, y}{\mathfrak{Sin}\, y}$,

so hat man $\dfrac{d\,\mathfrak{Tg}\, y}{dy} = \dfrac{1}{\mathfrak{Cos}^2 y}$, $\dfrac{d\,\mathfrak{Ctg}\, y}{dy} = -\dfrac{1}{\mathfrak{Sin}^2 y}$.

---

1) Setzt man $\xi = \mathfrak{Cos}\, y$, $\eta = \mathfrak{Sin}\, y$, so hat man eine Parameterdarstellung der Hyperbel $\xi^2 - \eta^2 = 1$. Die geometrische Bedeutung des Parameters können wir erst in der Integralrechnung besprechen.

Die Gleichungen $x = \mathfrak{Cos}\, y$ und $x = \mathfrak{Sin}\, y$

kann man nach y auflösen und so die Umkehrungsfunktionen bestimmen. Man nennt diese Area-Cosinus und Area-Sinus[1]) und schreibt

$$y = \mathfrak{ArCos}\, x \quad \text{und} \quad x = \mathfrak{ArSin}\, y.$$

Man findet für diese Funktionen die Darstellungen

$$\mathfrak{ArCos}\, x = \log(x + \sqrt{x^2 - 1}),$$
$$\mathfrak{ArSin}\, x = \log(x + \sqrt{x^2 + 1}).$$

Ferner findet man $\mathfrak{ArTg}\, x = \frac{1}{2} \log \frac{1+x}{1-x},$

$$\mathfrak{ArCtg}\, x = \frac{1}{2} \log \frac{x+1}{x-1}.$$

Wendet man die Regel über die Differentation der Umkehrungsfunktion an, so findet man

$$\frac{d\,\mathfrak{ArCos}\, x}{dx} = \frac{1}{\sqrt{x^2 - 1}}, \quad \frac{d\,\mathfrak{ArSin}\, x}{dx} = \frac{1}{\sqrt{1 + x^2}},$$
$$\frac{d\,\mathfrak{ArTg}\, x}{dx} = \frac{1}{1 - x^2}, \quad \frac{d\,\mathfrak{ArCtg}\, x}{dx} = \frac{1}{1 - x^2}.\text{[2])}$$

Aus der Maclaurinschen Reihe für e^x entnimmt man leicht

$$\mathfrak{Cos}\, y = 1 + \frac{y^2}{2!} + \frac{y^4}{4} + \cdots$$
$$\mathfrak{Sin}\, y = y + \frac{y^3}{3!} + \frac{y^5}{5!} + \cdots$$

§ 7. Die Berechnung der Logarithmentafeln. Die wirkliche Berechnung der Logarithmen geschieht nicht unmittelbar durch die vorhin gewonnenen Formeln. Man würde eine zu große Zahl von Reihengliedern brauchen, um halbwegs gute Werte zu erhalten. Der Herleitung besserer Formeln wenden wir uns jetzt zu.

Wenn wir die für $\log(1 + x)$ und $\log(1 - x)$ gefundenen Reihen voneinander subtrahieren, so erhalten wir eine Reihe für $\log\left(\frac{1+x}{1-x}\right)$. Diese sieht so aus:

$$\log\left(\frac{1+x}{1-x}\right) = 2\left(x + \frac{x^3}{3} + \frac{x^5}{5} + \cdots + \frac{x^{2n-1}}{2n-1}\right)$$
$$+ x^{2n+1}\left(\frac{\vartheta_1}{2n+1} + \frac{\vartheta_2}{1-x}\right).$$

1) Area = Fläche. Der Grund der Benennung wird erst in der Integralrechnung deutlich.

2) Man beachte, daß $\mathfrak{ArTg}\, x$ nur für $|x| < 1$, $\mathfrak{ArCtg}\, x$ nur für $|x| > 1$ reell ist.

Wir wollen sie verwenden, um z. B. log 2 zu berechnen. Damit $\frac{1+x}{1-x} = 2$ wird, müssen wir $x = \frac{1}{3}$ eintragen. Dann wird also der Rest der Formel kleiner als $\left(\frac{1}{3}\right)^{2n+1}\left(\frac{1}{2n+1} + \frac{3}{2}\right)$. Also schon für $n = 7$ wird der Rest kleiner als $\frac{2}{10^7}$. Rechnet man die 7 Reihenglieder auf 7 Dezimalstellen genau aus, so findet man für ihre Summe 0,6931467. So erkennt man, daß man durch diese 7 Reihenglieder $\log 2 = 0{,}69314\ldots$ auf 5 Dezimalen genau hat. Hätte man die gleiche Genauigkeit mit der Reihe von $\log(1+x)$ erreichen wollen, so hätte man gefunden: $\log 2 = 1 - \frac{1}{2} + \frac{1}{3} \ldots$ Wir hätten also hier mindestens 10^6 Glieder nötig gehabt, um der gleichen Genauigkeit gewiß zu sein. Wollte man unsere Reihe verwenden, um log 3 mit derselben Genauigkeit auszurechnen, so müßten wir $x = \frac{1}{2}$ eintragen. Jetzt hätten wir aber schon mindestens 11 Reihenglieder nötig. Man sieht, daß jetzt die Sache ungünstiger ist. Sie wird das um so mehr, je größer die Zahl wird, deren Logarithmus wir ausrechnen wollen. Denn um so größer wird auch das x, das wir in unserer Reihe eintragen müssen. Darum empfiehlt sich jetzt schon für log 3 ein anderer Weg. Es bietet sich nämlich ein bequemer Weg dar, um aus $\log a$ den $\log(a+1)$, also den Logarithmus der folgenden ganzen Zahl auszurechnen. Es ist nämlich

$$\log(a+1) = \log(a) + \log\left(1 + \frac{1}{a}\right) = \log a + \log \frac{1 + \frac{1}{2a+1}}{1 - \frac{1}{2a-1}}.$$

Um also log 3 zu berechnen, müssen wir nur weiter $\log \frac{1+\frac{1}{5}}{1-\frac{1}{5}}$ haben. Das gewinnen wir, indem wir in der Formel zu Beginn des Paragraphen $x = \frac{1}{5}$ eintragen. Je größer nun die Zahl a wird, d. h. je weiter wir die Logarithmen schon haben, um so günstiger stellt sich die Sache.[1]) Je weiter wir kommen, um so weniger Reihenglieder reichen aus. Neben den hier besprochenen Rechenvorteilen kann man sich bei weiterer Vertiefung in die Sache noch manchen anderen verschaffen. Wir wollen das aber nicht weiter verfolgen.

Lieber wollen wir noch ein Wort sagen über die Interpolation in 5-stelligen Tafeln. Man findet darin noch mit *P.P.* bezeichnete

1) Auf die beim Fortschreiten fortgesetzte Addition der Fehler der Einzelberechnungen ist dabei keine Rücksicht genommen.

Hilfstafeln, die der Interpolation nach Proportionalteilen (= partes proportionales) dienen. Die Frage, die wir zu beantworten haben, ist diese: Inwieweit verträgt es sich mit der gewünschten Genauigkeit von fünf Dezimalen, zwischen zwei aufeinanderfolgenden Zahlen die Änderung des Logarithmus der Änderung des Numerus proportional anzunehmen. Wir setzen also angenähert

$$\log(a+\alpha) \sim \log a + \alpha[\log(a+1) - \log a] = \log a + \alpha \log\left(1+\frac{1}{a}\right),$$

während in Wirklichkeit $\log(a+\alpha) = \log a + \log\left(1+\frac{\alpha}{a}\right)$ ist.

Nun ist aber 1. $\alpha \log\left(1+\frac{1}{a}\right)$ um weniger als $\frac{\alpha}{2a^2}$ von $\frac{\alpha}{a}$ verschieden[1]) und 2. ist aus demselben Grund $\log\left(1+\frac{\alpha}{a}\right)$ von $\frac{\alpha}{a}$ um weniger als $\frac{\alpha^2}{2a^2}$ verschieden. Der Gesamtfehler beträgt also höchstens $\frac{1}{a^2}$, ist also von $a = 1000$ an durchaus mit der gewünschten Genauigkeit verträglich; denn dann wird er kleiner als $\frac{1}{10^6}$. Durch den Umstand, daß wir nicht zwischen den genauen Werten der Logarithmen, sondern zwischen Näherungswerten derselben interpolieren, kommt natürlich keine neue Ungenauigkeit herein. Eine noch bessere Fehlerabschätzung als die eben gegebene werden wir in § 9 kennenlernen, wo wir die Interpolation etwas eingehender studieren werden. Für die Briggsschen Logarithmen, die ja in den Tafeln stehen, stellt sich die Sache noch günstiger. Denn nach S. 78 erhält man die Briggischen Logarithmen, indem man die natürlichen mit $\frac{1}{\log 10}$, das ist also mit einer Zahl kleiner als $\frac{1}{2}$, multipliziert. Dabei multiplizieren sich also auch die Fehler mit dieser Zahl. Jetzt also beträgt der Fehler höchstens $\frac{1}{2 \cdot 10^6}$.

§ 8. Der binomische Satz. Auf S. 14 haben wir den binomischen Satz für ganze positive Exponenten abgeleitet. Jetzt wollen wir sein Analogon für gebrochene und für negative Exponenten entwickeln. Da immer $(a+b)^n = a^n\left(1+\frac{b}{a}\right)^n$, so dürfen wir uns dabei auf den Fall $(1+x)^n$ beschränken. Wir

---

1) Siehe die alternierende Reihe für $\log\left(1+\frac{1}{a}\right)$ und die S. 41 besprochene Abschätzung des Restes solcher Reihen.

nehmen 1. *x und n positiv* an. Die Taylorsche Formel mit Lagrangeschen Restglied liefert uns

$$(1+x)^n = 1 + nx + \binom{n}{2}x^2 + \cdots \binom{n}{k-1}x^{k-1} + \binom{n}{k}x^k(1+\vartheta x)^{n-k}.$$

Hier haben wir zur Abkürzung gesetzt $\binom{n}{k} = \frac{n(n-1)\ldots(n-k+1)}{1\cdot 2 \quad \cdots \quad k}$.
Von einem gewissen Glied an wird nun aber sicher der Stellenzeiger k größer als die feste Zahl n. Daher wird von da an jedenfalls $0 < (1+\vartheta x)^{n-k} < 1$. Es bleibt so noch der Grenzwert von $\binom{n}{k}x^k$ zu untersuchen. Wir schreiben

$$\left|\binom{n}{k}x^k\right| = \frac{n}{1}\cdot\frac{n-1}{2}\cdots\frac{n-[n]+1}{[n]}\cdot\frac{n-[n]}{[n]+1}\cdots\left|\frac{n-k+1}{k}\right| x^k.$$

Dabei ist mit $[n]$ die größte ganze Zahl unter n bezeichnet. Setze ich die feste Zahl $\frac{n}{1}\cdot\frac{n-1}{2}\cdots\frac{n-[n]+1}{[n]} = N$, so ist offenbar $\left|\binom{n}{k}x^k\right| < N\cdot x^k$, wird also mit wachsendem k beliebig klein, falls $x < 1$ ist. Für $x < 1$ gilt also jedenfalls die binomische Reihe

$$(1+x)^n = 1 + nx + \binom{n}{2}x^2 + \binom{n}{3}x^3 + \cdots$$

Ähnlich wie bei $\log(1+x)$ sieht man, daß für $x > 1$ die binomische Reihe divergiert, weil der Grenzwert des Quotienten zweier aufeinanderfolgenden Glieder x ist, also größer als 1. Für den Fall $x = 1$ selbst ist eine eingehendere Untersuchung nötig. Sie ergibt Konvergenz und zeigt, daß

$$2^n = 1 + n + \binom{n}{2} + \binom{n}{3} + \cdots$$

Die Abschätzung des Restgliedes haben wir hier nur für große Gliederzahlen durchgeführt, nämlich für Gliederzahlen, die den Exponenten n übertreffen. Wir finden für alle x unter eins bei genügend großer Gliederzahl Kleinheit des Restes. Aber auch wenige Glieder der binomischen Reihe geben bei genügend kleinem x brauchbare Annäherungen. Denn wenn $k \leqq n$ ist, so sind die $\binom{n}{k}$, die in diesen wenigen Reihengliedern vorkommen, alle unter einer festen Grenze gelegen. Ebenso liegt $(1+\vartheta x)^{n-k}$ unter 2^n. Wegen des Faktors x^k sieht man alsdann, daß der Rest bei genügend kleinem x recht klein wird. Ein Beispiel hierzu begegnete uns schon auf S. 89/90 wo wir die Approximation von $\sqrt{1+x}$ durch $1+\frac{1}{2}x$ näher betrachteten.

Wir betrachten 2. den Fall: *x positiv und n negativ.* Wir finden eine ganz gleich aussehende Reihe. Während aber vorhin unser

Beweis wesentlich darauf beruhte, daß alle Binomialkoeffizienten beschränkt waren (sie sind ja alle dem Betrag nach kleiner als N), trifft dies hier nicht zu. Denn setzen wir $n = -m$, so wird

$$\binom{n}{k} = (-1)^k \cdot \frac{m(m+1)\cdots(m+k-1)}{1\cdot 2 \;\cdots\; k}.$$

Da dies z. B. für $m = 2$ zu $(-1)^k(k+1)$ wird, so sind also hier die Binomialkoeffizienten nicht beschränkt. (Es ist ja nach S. 51 $\frac{1}{(1+x)^2} = 1 - 2x + 3x^2 - + \cdots$). Trotzdem wird auch hier wieder $\lim\limits_{k\to\infty}\binom{n}{k}x^k = 0$, falls $x < 1$. Um das einzusehen, brauchen wir uns nur von der Konvergenz der binomischen Reihe zu überzeugen. Daraus ergibt sich ja dann, daß der Grenzwert $\lim\limits_{k\to\infty}\binom{n}{k}x^k$ ihrer Glieder verschwinden muß. Wir finden

$$\left|\frac{\binom{n}{k+1}x^{k+1}}{\binom{n}{k}x^k}\right| = \left|\frac{n-k}{k+1}\right| x.$$

Der Grenzwert ist aber x, also kleiner als 1. Da außerdem auch $(1 + \vartheta x)^{n-k} < 1$ ist, so stellt also wieder die binomische Reihe die Funktion dar, wenn $x < 1$. Endlich bleibt noch *der Fall* $x < 0$. Wir fassen uns hier etwas kürzer. Wir setzen $x = -y$. Dann ergibt die Anwendung des Cauchyschen Restgliedes

$$(1-y)^n = 1 - ny + \binom{n}{2}y^2 - \binom{n}{3}y^3 \cdots + (-1)^{k-1}\binom{n}{k-1}y^{k-1}$$
$$+ (-1)^k\binom{n-1}{k-1}y^{k-1}\cdot ny(1-\vartheta y)^{n-1}\cdot\left(\frac{1-\vartheta}{1-\vartheta y}\right)^{k-1}.$$

Hier ist nun aber $0 < \vartheta y < \vartheta$ und daher $0 < 1 - \vartheta < 1 - \vartheta y$. Bezeichnet also ϑ_1 eine weitere Größe zwischen Null und Eins, so wird dieser Rest

$$(-1)^k\binom{n-1}{k-1}y^{k-1}\cdot ny\cdot(1-\vartheta y)^{n-1}\cdot\vartheta_1.$$

Aus den vorhin angestellten Betrachtungen ergibt sich schon, daß sein Grenzwert für unendlich wachsendes k Null ist. Also haben wir nun das Schlußresultat: *Für beliebiges n und alle $-1 < x < +1$ gilt die Reihendarstellung*

$$(1+x)^n = 1 + nx + \binom{n}{2}x^2 + \binom{n}{3}x^3 + \cdots$$

§ 9. Über die Interpolation und ihren Zusammenhang mit der Taylorschen Formel. Einen Spezialfall der Frage der Interpolation haben wir schon auf S. 101 behandelt, wo wir zwischen zwei

Logarithmen nach Proportionalteilen interpolierten. Da haben wir die Logarithmuskurve durch eine gerade Linie approximiert, die in zwei Punkten mit ihr übereinstimmte. Von der Approximation der Kurven durch gewisse berührende Parabeln beliebigen Grades war gelegentlich der Taylorschen Formel die Rede. Allgemein handelt es sich bei der Frage der Interpolation durch ganze rationale Funktionen $n$ten Grades darum, die Funktion $f(x)$ durch eine solche ganze rationale Funktion $P(x)$ vom $n$ten Grad zu approximieren, deren Kurvenbild durch $n+1$ Punkte der Kurve hindurchgeht oder, anders ausgedrückt, die für $n+1$ Werte der unabhängigen Variablen x die gleichen Funktionswerte wie $y = f(x)$ besitzt. Durch die Angabe der Werte, die eine ganze rationale Funktion $n$ten Grades an $n+1$ verschiedenen Stellen annehmen soll, ist diese Funktion völlig bestimmt. Denn die Differenz zweier derartiger Funktionen ist eine ganze rationale Funktion von höchstens $n$tem Grad, die an $n+1$ verschiedenen Stellen verschwindet. Eine solche Funktion ist aber nach einem Ergebnis auf S. 8/9 für alle x-Werte Null. Es ist leicht zu verifizieren, daß die ganze rationale Funktion $n$ten Grades, die an den $n+1$ Stellen $x_0, x_1, \ldots x_n$ die Werte $f(x_0), f(x_1), \ldots, f(x_n)$ annimmt, durch den folgenden Ausdruck geliefert wird (Newtons Interpolationsformel):

$$P(x) = f(x_0) + \frac{x - x_0}{x_1 - x_0}(f(x_1) - f(x_0)) + \frac{(x - x_0)(x - x_1)}{(x_2 - x_0)(x_2 - x_1)}(f(x_2) - s_2(x_2))$$

$$+ \cdots + \frac{(x - x_0)(x - x_1)\ldots(x - x_{n-1})}{(x_n - x_0)(x_n - x_1)\ldots(x_n - x_{n-1})}(f(x_n) - s_n(x_n)).$$

Dabei ist allgemein mit $s_k(x)$ die Summe der k ersten Glieder dieser Formel bezeichnet.

Man kann den Ausdruck dieser ganzen rationalen Funktion noch auf eine etwas andere Gestalt bringen, die viel verwendet wird. Wir setzen dazu $\varphi(x) = (x - x_0)(x - x_1)\ldots(x - x_n)$. Man erkennt nun sofort, daß wegen $\varphi(x_k) = 0$

$$\lim_{x \to x_k} \frac{\varphi(x)}{x - x_k} = \lim_{x \to x_k} \frac{\varphi(x) - \varphi(x_k)}{x - x_k} = \varphi'(x_k).$$

Das folgt sofort aus der Definition des Differentialquotienten von $\varphi(x)$. Dies vorausgeschickt, erkennt man, daß die Funktion

$$P(x) = \frac{f(x_0)}{x - x_0} \cdot \frac{\varphi(x)}{\varphi'(x_0)} + \frac{f(x_1)}{x - x_1}\frac{\varphi(x)}{\varphi'(x_1)} + \cdots + \frac{f(x_n)}{x - x_n}\frac{\varphi(x)}{\varphi'(x_n)}$$

ganz und rational vom $n$ten Grade ist und alle gewünschten Eigenschaften besitzt. Man nennt das die *Lagrangesche Interpolationsformel.* Sie ist natürlich nur eine identische Umformung der Newtonschen.

Wir wenden uns nun zu der Frage, wie man die Güte der durch einen solchen Ausdruck erreichbaren Approximation beurteilen kann. Dazu müssen wir den Unterschied zwischen $f(x)$ und unserem Polynom $P(x)$ auf eine handlichere Form bringen. Das kann ähnlich wie bei der Taylorschen Formel, vielleicht sogar noch einfacher, geschehen. Wir machen den Ansatz

$$f(x) = P(x) + \nu(x) \cdot \varphi(x).$$

In $F(z) = f(z) - P(z) - \nu(x)\varphi(z)$ haben wir alsdann bei festem x eine Funktion von z vor uns, die an $n+2$ verschiedenen Stellen verschwindet, nämlich einmal für $z = x_0, x_1, \ldots, x_n$ und dann für $z = x$. Nun stützen wir uns auf eine Verallgemeinerung des Rolleschen Satzes. Dort lag zwischen zwei Nullstellen von $f(x)$ mindestens eine von $f'(x)$. Wenn wir aber nur drei Nullstellen von $f(x)$ zur Verfügüng haben, so schließen wir, daß in jedem der zwei davon gebildeten Intervalle eine von $f'(x)$ liegt, und zwischen diesen beiden so erhaltenen Nullstellen von $f'(x)$ liegt dann wieder eine von $f''(x)$. So weiterschließend erkennt man, daß, wenn $n+2$ verschiedene Nullstellen von $f(x)$ vorliegen, zwischen der kleinsten und größten derselben mindestens eine von $f^{(n+1)}(x)$ liegt. Das wenden wir hier auf die Funktion $F(z)$ an. Sie hat $n+2$ verschiedene Nullstellen. Also gibt es dazwischen ein ξ, so daß

$$F^{(n+1)}(\xi) = 0 = f^{(n+1)}(\xi) - \nu(x)\,(n+1)!$$

Daraus nimmt man $\nu(x)$. Also bekommen wir das Resultat

$$f(x) = P(x) + \frac{f^{(n+1)}(\xi)}{(n+1)}\,\varphi(x).$$

Wenn wir dabei namentlich x, wie es im Sinne der Interpolation liegt, auf das Intervall x_0 bis x_n beschränken ($x_0 < x_1 < \cdots < x_n$), so ist ξ eine Stelle aus diesem Intervall. Wir wollen uns aber für später merken, daß die Formel auch gilt, wenn wir x irgendwie außerhalb nehmen, wenn nur in dem ganzen Intervall, auf das sich $x_0, x_1, \ldots, x_n, x$ dann verteilen, die erforderlichen Differenzierbarkeitsbedingungen erfüllt sind.

Als Anwendung wollen wir, wie schon auf S. 101 angekündigt, nochmals den Fehler beim Interpolieren nach Proportionalteilen in Logarithmentafeln vornehmen. Da wir dort geradlinig zwischen $x = a$ und $x = a + 1$ interpolieren, so haben wir folgende Formel:

$$\log x = \log a + (x-a)(\log(a+1) - \log a) - (x-a)(x-a-1)\frac{1}{2!}\frac{1}{\xi^2}.$$

Der Fehler wird also für $a \geqq 10^3$ kleiner als $\frac{1}{2}\frac{1}{10^6}$. Bei Briggsschen Logarithmen wird der Fehler nach der Bemerkung auf

S. 101 sogar höchstens die Hälfte von diesem. Das Interpolieren ist also durchaus mit der Genauigkeit einer fünfstelligen Tafel verträglich von $a = 10^3$ an.

Nun wollen wir zeigen, daß die Taylorsche Formel ein Grenzfall dieser Interpolationsformel ist. Wir wollen, um das einzusehen, die $n+1$ Stellen $x_0, x_1, \ldots, x_n$ alle in eine, in x_0, zusammenrücken lassen. Ich behaupte, daß dann als Grenzfall die Taylorsche Formel herauskommt. Man darf das angekündigte Ergebnis von vornherein erwarten, wenn man nur daran denkt, wie durch den Grenzübergang aus der Sehne die Tangente, also aus der Interpolationsformel ersten Grades, die mit der Funktion in zwei Stellen übereinstimmt, die Taylorsche Formel wird, die mit der Funktion gewissermaßen in zwei zusammenfallenden Punkten übereinstimmt. So werden wir allgemein sehen, daß wir das Polynom der Taylorschen Formel als eine Funktion ansehen können, die $y = f(x)$ in $n+1$ *zusammenfallenden Punkten* schneidet. Das ist dann also der geometrische Sinn der Übereinstimmung der Ableitungen bis zur $n$ten einschließlich bei beiden Funktionen. Man spricht dann auch von einem $n+1$-punktigen Schnitt oder einer Berührung $n$ter Ordnung. Nun zum Beweis. Ich untersuche zunächst, was beim Grenzübergang aus dem Interpolationspolynom $P(x)$ wird. Dazu wollen wir den Grenzübergang so ausführen, daß wir erst x_1 nach x_0 rücken lassen. Wenn das geschehen ist, soll x_2 nachrücken, dann x_3 usw., bis alle nach x_0 gerückt sind. Dann wird gerade die Taylorsche Formel (ohne Restglied natürlich) vor uns stehen. Lassen wir x_1 nach x_0 rücken, so wird zunächst

$$\lim_{x_1 \to x_0} \left(f(x_0) + (x - x_0) \frac{f(x_1) - f(x_0)}{x_1 - x_0} \right) = f(x_0) + (x - x_0) f'(x_0).$$

Aus $s_2(x)$ wird also $\sigma_2(x) = f(x_0) + (x - x_0) f'(x_0)$. Das dritte Glied unserer Funktion ist also jetzt

$$(x - x_0)^2 \frac{(f(x_2) - f(x_0) - (x_2 - x_0) f'(x_0))}{(x_2 - x_0)^2} = \frac{(x - x_0)^2}{2} f''(x_0 + \vartheta (x_2 - x_0)).$$

Lasse ich nun hier x_2 und x_0 zusammenrücken, so wird dies zu $\frac{(x - x_0)^2}{2} f''(x_0)$. Daher ist jetzt das vierte Glied der Formel

$$(x - x_0)^3 \frac{\left(f(x)_3 - (f x_0) - (x_3 - x_0) f'(x_0) - \frac{(x_3 - x_0)^2}{2} f''(x_0) \right)}{(x_3 - x_0)^3}$$
$$= \frac{(x - x_0)^3}{3!} f'''(x_0 + \vartheta (x_3 - x_0)).$$

Lasse ich wieder x_3 nach x_0 rücken, so finde ich dafür $\frac{(x - x_0)^3}{3!} f'''({}^0x)$.

So weiterfahrend bekomme ich tatsächlich zum Schluß das Polynom der Taylorschen Formel heraus. Nun zum Restglied. Die zweite Formel auf S. 105 lehrt, daß für ein festes außerhalb des Intervalls $x_0 < x_1, \ldots, x_n$ gelegenes x stets $\frac{f(x) - P(x)}{\varphi(x)}(n+1)!$ zwischen Maximum und Minimum liegt, dessen $f^{(n+1)}(\xi)$ fähig ist, wenn man ξ in einem alle Stellen $x_0, x_1, \ldots, x_n$ und x enthaltenden Intervall variieren läßt. Daher liegt der Ausdruck auch dann noch zwischen diesen Schranken, wenn man in $P(x)$ und $\varphi(x)$ alle Stellen x_0 bis x_n nach x_0 rücken läßt. Daraus folgt also, daß es auch für das Polynom $T(x)$ der Taylorschen Formel ein ξ aus dem Intervall $x_0 < \xi < x$ gibt, für das

$$\frac{f(x) - T(x)}{(x - x_0)^n}(n+1)! = f^{(n+1)}(\xi)$$

ist. Das ist aber gerade die Taylorsche Formel mit Restglied.

Eine Aufgabe für den Leser sei es, den vorstehenden Gedankengang so anzuordnen, daß daraus ein Beweis der Taylorchen Formel sich ergibt.

VIII. Unbestimmte Formen.

§ 1. $\frac{0}{0}$. Wir verwenden in diesem Kapitel die Taylorsche Formel zur Berechnung gewisser Grenzwerte. Wir beginnen mit den Grenzwerten gewisser Quotienten, die man nicht dadurch bestimmen kann, daß man in Zähler und in Nenner für sich zur Grenze übergeht. Das wird dann nicht möglich sein (nach den Ergebnissen auf S. 21), wenn dabei Zähler und Nenner zugleich entweder beide verschwinden oder beide unendlich werden. In verständlicher Abkürzung pflegt man da von den unbestimmten Ausdrücken $\frac{0}{0}$ und $\frac{\infty}{\infty}$ zu reden. Daß indessen gleichwohl ein derartiger Ausdruck einen ganz bestimmten Grenzwert besitzen kann, lehren schon die einfachsten Beispiele, z. B. $\lim\limits_{x \to a} \frac{x^2 - a^2}{x - a} = 2a$. Jedermann wird da ganz von selbst, ehe er zur Grenze übergeht, erst Zähler und Nenner von dem gemeinsamen in der Grenze verschwindenden Faktor $x - a$ befreien und dann den Grenzübergang mit Leichtigkeit ausführen können. Diese gemeinsamen verschwindenden Faktoren von Zähler und Nenner drängen sich nicht immer so unmittelbar auf, wie in diesem Beispiel. Indessen gibt die Taylorsche Formel ein Mittel an die Hand, sie aufzufinden, wenn sie sich dem unmittelbaren Augenschein entziehen.

Wir wollen also nun den Grenzwert $\lim\limits_{x \to x_0} \frac{f(x)}{\varphi(x)} = \frac{0}{0}$ betrachten und dabei annehmen, daß x_0 eine endliche Stelle ist, und daß in einer gewissen einseitigen oder beiderseitigen Umgebung von x_0 die Funktionen $f(x)$, $\varphi(x)$ samt allen ihren weiter zu verwendenden Ableitungen stetig und $\varphi(x)$ samt seinen Ableitungen außer bei x_0 von Null verschieden sind. Bei $x = x_0$ möge überdies $f(x_0) = \varphi(x_0) = 0$ sein. Dann kann man unter zweimaliger Anwendung des Mittelwertsatzes

$$\frac{f(x)}{\varphi(x)} = \frac{f(x) - f(x_0)}{\varphi(x) - \varphi(x_0)} = \frac{(x - x_0) f'(x_0 + \vartheta_1(x - x_0))}{(x - x_0)\varphi'(x_0 + \vartheta_2(x - x_0))}$$

schreiben. *Wenn nun $f'(x_0)$ und $\varphi'(x_0)$ nicht beide verschwinden, so ist* wegen der vorausgesetzten Stetigkeit der Ableitungen

$$\lim_{x \to x_0} \frac{f(x)}{\varphi(x)} = \lim_{x \to x_0} \frac{f'(x_0 + \vartheta_1(x - x_0))}{\varphi'(x_0 + \vartheta_2(x - x_0))} = \frac{f'(x_0)}{\varphi'(x_0)}.$$

(Dabei setzen wir gegebenenfalls $\frac{f'(x_0)}{0} = \infty$.)

Wenn aber beide ersten Ableitungen verschwinden, so können wir von vornherein schreiben

$$\frac{f(x)}{\varphi(x)} = \frac{f(x) - f(x_0) - f'(x_0)(x - x_0)}{\varphi(x) - \varphi(x_0) - \varphi'(x_0)(x - x_0)} = \frac{f''(x_0 + \vartheta_1(x - x_0))}{\varphi''(x_0 + \vartheta_2(x - x_0))},$$

falls bei x_0 nicht beide zweite Ableitungen verschwinden; sonst gehen wir in der Bildung des Restes gleich noch weiter. So fortfahrend *seien die $n$ten Ableitungen die ersten nicht beide verschwindenden. Dann finden wir* $\lim \frac{f(x)}{\varphi(x)} = \frac{f^{(n)}(x_0)}{\varphi^{(n)}(x_0)}$. Wie schon zu Beginn gesagt wurde, ist dies Ergebnis an bestimmte Voraussetzungen geknüpft, und man kann nicht erwarten, daß das Verfahren in allen Fällen, wo ein Grenzwert existiert, zum Ziel führen muß.

Beispiel: $\lim\limits_{x \to 0} \frac{e^x - e^{-x}}{\sin x} = \lim\limits_{x \to 0} \frac{e^x + e^{-x}}{\cos x} = 2.$

§ 2. Eine Verallgemeinerung des Mittelwertsatzes. *In einem Intervall, das die Stellen x_0 und $x_0 + h$ enthalten möge, seien $f(x)$ und $\varphi(x)$ differenzierbar, und es sei zwischen x_0 und $x_0 + h$ stets $\varphi'(x)$ von Null verschieden. Dann gibt es ein ϑ zwischen 0 und 1, so daß* $\frac{f(x_0 + h) - f(x_0)}{\varphi(x_0 + h) - \varphi(x_0)} = \frac{f'(x_0 + \vartheta h)}{\varphi'(x_0 + \vartheta h)}$. Die Anwendung des Mittelwertsatzes auf Zähler und Nenner würde eine ähnliche Formel geben. Indessen würde dann in Zähler und Nenner nicht das gleiche ϑ auftreten; daß man aber ϑ so wählen kann, daß es in Zähler und Nenner dasselbe ist, das ist der Sinn dieser

Erweiterung des Mittelwertsatzes, die eine wesentliche Rolle bei der Betrachtung der unbestimmten Form $\frac{\infty}{\infty}$ im nächsten Paragraphen spielen wird.

Zum Beweis gehen wir ähnlich wie auf S. 86/87 vor. Wir setzen

$$\psi(x) = f(x) - f(x_0) - \frac{f(x_0+h) - f(x_0)}{\varphi(x_0+h) - \varphi(x_0)} (\varphi(x) - \varphi(x_0)).$$

Dann ist $\psi(x_0) = \psi(x_0 + h) = 0$. Also gibt es eine Stelle $x_0 + \vartheta h$ für die

$$\psi'(x_0 + \vartheta h) = 0 = f'(x_0 + \vartheta h) - \frac{f(x_0+h) - f(x_0)}{\varphi(x_0+h) - \varphi(x_0)} \varphi'(x_0 + \vartheta h).$$

Daraus nimmt man unsere Verallgemeinerung des Mittelwertsatzes.

§ 3. $\frac{\infty}{\infty}$. Es seien $f(x)$ und $\varphi(x)$ für genügend große x stetig und differenzierbar; es sei $\lim\limits_{x\to\infty} f(x) = \infty$ und $\lim\limits_{x\to\infty} \varphi(x) = \infty$; ferner sei $\varphi(x) \neq 0$ und $\varphi'(x) \neq 0$ von einem gewissen x an. Nach dem vorigen Paragraphen gibt es zu je zwei genügend großen x und x_0 eine Stelle x_1 zwischen x und x_0, so daß

$$\frac{f(x) - f(x_0)}{\varphi(x) - \varphi(x_0)} = \frac{f'(x_1)}{\varphi'(x_1)}. \quad \text{Daher wird} \quad \frac{f(x)}{\varphi(x)} = \frac{f'(x_1)}{\varphi'(x_1)} \frac{1 - \frac{\varphi(x_0)}{\varphi(x)}}{1 - \frac{f(x_0)}{f(x)}}.$$

Ich nehme nun an, der Grenzwert $\lim\limits_{x\to\infty} \frac{f'(x)}{\varphi'(x)}$ existiere. Dann wähle ich x_0 so groß, daß für alle $x_1 > x_0$ der Ausdruck $\frac{f'(x_1)}{\varphi'(x_1)}$ um weniger als eine irgendwie gegebene positive Größe ε von $\lim\limits_{x\to\infty} \frac{f'(x)}{\varphi'(x)}$ abweicht. Dies x_0 halte ich dann fest und wähle noch x so groß, daß $\frac{1 - \frac{\varphi(x_0)}{\varphi(x)}}{1 - \frac{f(x_0)}{f(x)}}$ beliebig wenig von Eins abweicht. Dann ist also von einem gewissen x an $\frac{f(x)}{\varphi(x)}$ um weniger als eine irgendwie gegebene positive Zahl η von $\lim\limits_{x\to\infty} \frac{f'(x)}{\varphi'(x)}$ verschieden. Ich habe so das Resultat: *Wenn* $\lim\limits_{x\to\infty} f(x) = \infty$ *und* $\lim\limits_{x\to\infty} \varphi(x) = \infty$ *ist und wenn für* $x > \xi$ *immer* $\varphi'(x) \neq 0$ *bleibt, wenn weiter* $\lim\limits_{x\to\infty} \frac{f'(x)}{\varphi'(x)}$ *existiert, so existiert auch* $\lim\limits_{x\to\infty} \frac{f(x)}{\varphi(x)}$ *und ist gleich* $\lim\limits_{x\to\infty} \frac{f'(x)}{\varphi'(x)}$. Der Leser wird die Umkehrung dieses Satzes leicht selbst beweisen.

Bemerkung: Man kann den neuen Mittelwertsatz auch bei dem Problem des § 1 verwenden. Man findet dann

$$\frac{f(x)}{\varphi(x)} = \frac{f(x) - f(x_0)}{\varphi(x) - \varphi(x_0)} = \frac{f'(x_1)}{\varphi'(x_1)}.$$

Daraus schließt man: Die beiden Grenzwerte

$$\lim_{x \to x_0} \frac{f(x)}{\varphi(x)} \quad \text{und} \quad \lim_{x \to x_0} \frac{f'(x)}{\varphi'(x)}$$

existieren gleichzeitig und sind einander gleich, sobald $f(x_0) = \varphi(x_0) = 0$ ist.

Beispiele: 1. $\lim\limits_{x \to \infty} \frac{\log x}{x} = \lim\limits_{x \to \infty} \frac{\frac{1}{x}}{1} = 0.$

2. $\lim\limits_{x \to \infty} \frac{x^n}{e^x}$. ($n$ ganz positiv.) Hier wird der Grenzwert der ersten Ableitungen selbst von der Form $\frac{\infty}{\infty}$. Ich muß also erst ihn untersuchen, bevor ich auf $\lim\limits_{x \to \infty} \frac{x^n}{e^x}$ schließen kann. Auch der Grenzwert $\lim\limits_{x \to \infty} \frac{f''(x)}{\varphi''(x)}$ ist von der Form $\frac{\infty}{\infty}$. Erst der Grenzwert $\lim\limits_{x \to \infty} \frac{f^{(n)}(x)}{\varphi^{(n)}(x)}$ wird $\lim\limits_{x \to \infty} \frac{n!}{e^x} = 0$. Daher existieren auch die Grenzwerte der Quotienten der anderen Ableitungen und sind diesem gleich. Also ist auch schließlich $\lim\limits_{x \to \infty} \frac{x^n}{e^x} = 0$. Man kann das so ausdrücken, daß man sagt, e^x werde stärker ∞ als jede Potenz von x.

§ 4. Andere unbestimmte Formen. Es gibt noch eine Reihe anderer unbestimmter Formen, die man auf die bisher behandelten zurückführen kann.

1. $\lim\limits_{x \to \infty} \frac{f(x)}{\varphi(x)} = \frac{0}{0}$, *wenn x nach ∞ strebt.* Man kann hier entweder $\lim\limits_{x \to \infty} \frac{f(x)}{\varphi(x)} = \lim\limits_{x \to \infty} \frac{\frac{1}{\varphi(x)}}{\frac{1}{f(x)}} = \frac{\infty}{\infty}$ setzen oder aber

$$\lim_{\substack{x \to 0\\ \infty}} \frac{f(x)}{\varphi(x)} = \lim_{y \to \infty} \frac{f\left(\frac{1}{y}\right)}{\varphi\left(\frac{1}{y}\right)} = \frac{0}{0} = \lim_{y \to \infty} \frac{f'\left(\frac{1}{y}\right)}{\varphi'\left(\frac{1}{y}\right)} = \lim_{x \to \infty} \frac{f'(x)}{\varphi'(x)},$$

so daß also auch in diesem Fall die allgemeine Regel bestehen bleibt.

2. $\lim\limits_{x\to x_0}\frac{f(x)}{\varphi(x)}=\frac{\infty}{\infty}$ *bei endlichem* x_0: Man setzt entweder

$$\lim_{x\to x_0}\frac{f(x)}{\varphi(x)}=\lim_{x\to x_0}\frac{\frac{1}{\varphi(x)}}{\frac{1}{f(x)}}=0 \quad\text{oder}\quad \lim_{x\to x_0}\frac{f(x)}{\varphi(x)}=\lim_{y\to\infty}\frac{f\left(x_0+\frac{1}{y}\right)}{\varphi\left(x_0+\frac{1}{y}\right)}=\frac{\infty}{\infty}$$

$$=\lim_{y\to\infty}\frac{f'\left(x_0+\frac{1}{y}\right)}{\varphi'\left(x_0+\frac{1}{y}\right)}=\lim_{x\to x_0}\frac{f'(x)}{\varphi'(x)}.$$ Auch hier bleibt also die allgemeine Regel bestehen. Die Untersuchung *aller* unbestimmten Formen $\frac{0}{0}$ und $\frac{\infty}{\infty}$ kann also auf die Untersuchung der Grenzwerte der Quotienten der Ableitungen zurückgeführt werden.

3. $\lim f(x)\varphi(x)=\infty\cdot 0$. Man setzt

$$\lim f(x)\cdot\varphi(x)=\lim\frac{\varphi(x)}{\frac{1}{f(x)}}=\frac{\infty}{\infty}\quad\text{oder}\quad=\frac{f(x)}{\frac{1}{\varphi(x)}}=\frac{0}{0}.$$

4. $\lim\,(f(x)-\varphi(x))=\infty-\infty$. Man kann z. B. setzen

$$\lim_{x\to\infty}(f(x)-\varphi(x))=\lim_{x\to\infty}f(x)\left(1-\frac{\varphi(x)}{f(x)}\right).$$

5. 0^0, ∞^0, 1^∞. Man setzt $(f(x))^{\varphi(x)}=e^{\varphi(x)\log f(x)}$.

Beispiele:

$$\lim_{x\to 0}x\log x=\lim_{x\to 0}\frac{\log x}{\frac{1}{x}}=\lim_{x\to 0}\frac{\frac{1}{x}}{-\frac{1}{x^2}}=0.$$

$$\lim_{x\to 0}x^x=\lim_{x\to 0}e^{x\log x}=1.$$

IX. Beispiel einer stetigen nirgends differenzierbaren Funktion.

Schon auf S. 67 haben wir einige Andeutungen über den Zusammenhang zwischen Stetigkeit und Differenzierbarkeit einer Funktion gegeben. Wir hatten damals erkannt, daß zwar die Differenzierbarkeit die Stetigkeit nach sich zieht, daß aber umgekehrt nicht aus der Stetigkeit auf die Differenzierbarkeit geschlossen werden kann. Wir hatten S. 67 Beispiele stetiger Funktionen gegeben, die an einer Stelle nicht differenzierbar waren. Diese Ausführungen sollen nun durch ein Beispiel einer *stetigen* Funktion ergänzt werden, welche sogar *an keiner Stelle* eines Intervalles *differenzierbar* ist. Wir werden zunächst in

Parameterdarstellung $x = x(t)$, $y = y(t)$ eine Kurve angeben, die durch jeden Punkt eines ganzen Quadrates hindurch geht. Sie führt nach Peano, der sie zuerst angab, den Namen *Peanokurve*. Die Funktionen $x = x(t)$ und $y = y(t)$ werden sich zwar als stetig, aber nicht als differenzierbar erweisen. Wir wollen nun die Zuordnung der Punkte des Quadrates zu den Punkten einer Strecke definieren, auf der das Weitere beruht. Wir fassen so gewissermaßen die Punkte des Quadrates als eindeutige Funktion einer Variablen t auf. Zugrunde gelegt sei die Strecke $0 \leqq t \leqq 1$ und das Quadrat $0 \leqq x \leqq 1$, $0 \leqq y \leqq 1$. So wie wir gelernt haben, die Punkte einer Strecke vermöge von Intervallschachtelungen zu erfassen, so kann man auch die Punkte des Quadrates durch Quadratschachtelungen erfassen; indem man nämlich für die Abszissen und die Ordinaten Intervallschachtelungen von jeweils gleicher Intervallänge verwendet, erhält man die Punkte des Quadrates als innerste Punkte von Quadratschachtelungen. Wir wollen nun festlegen, welcher Punkt des Quadrates einem gegebenen Punkt der Strecke zugeordnet sein soll.

Wir teilen die Strecke in neun gleiche Teile ein und numerieren sie von rechts nach links fortlaufend von 1 bis 9. Alsdann teilen wir wieder jede Teilstrecke der ersten Unterteilung in neun Teile, die wir wieder in jedem Intervall von links nach rechts mit 1 bis 9 numerieren. Das ist die zweite Unterteilung. Ihre Strecken haben die Länge $(\frac{1}{9})^2$. Wir teilen sie wieder in neun Teile und numerieren wie vorhin. So fahren wir unaufhörlich fort. Die Strecken der $n$ten Unterteilung haben die Länge $(\frac{1}{9})^n$. Jeden Punkt der Strecke können wir nun durch Angabe der Nummern der Teilstrecken einer jeden Unterteilung, in deren Innerem er liegt, bezeichnen, ähnlich wie wir das in Kap. II ausführlich erörtert haben.

Den gleichen Prozeß wenden wir nun beim Quadrat an. Wir zerlegen es in neun gleiche Teilquadrate von der Kantenlänge $\frac{1}{3}$ und erhalten so die erste Unterteilung; wir numerieren die Quadrate fortlaufend mit 1 bis 9, jedoch so, daß zwei Quadrate mit aufeinanderfolgender Nummer längs einer ganzen Kante aneinander grenzen. Das kann so geschehen wie in der Fig. 28 angedeutet. Nun kommen wir zur zweiten Unterteilung. Wir erhalten sie, indem wir wieder jedes Teilquadrat in neun gleiche Quadrate teilen. Diese Quadrate der zweiten Unterteilung haben also die Kantenlänge $(\frac{1}{3})^2$. Wir numerieren sie auch wieder mit 1 bis 9, und zwar wieder so, daß zwei aufeinanderfolgende Quadrate längs einer Kante aneinander grenzen. Das kann im einzelnen Quadrat so geschehen wie vorhin, jedoch müssen wir noch darauf achten, daß auch das neunte Quadrat eines Teilquadrates der ersten Teilung in einer Kante an das erste Teilquadrat des folgenden

Quadrats der ersten Teilung angrenzt. Auf diese Weise fahren wir unaufhörlich fort. Wir erhalten dann bei der $n$ten Unterteilung Quadrate von der Kantenlänge $(\frac{1}{3})^n$. Wieder kann nun jeder Punkt des Quadrates aufgefaßt werden als innerster Punkt einer gewissen mit diesen Quadratteilungen erhaltenen Quadratschachtelung. Denn der Punkt liegt in einem Teilquadrat der zweiten Unterteilung, einem der dritten usw. Wir können ihn also vollständig bezeichnen, indem wir einfach nur die Nummern der betreffenden Teilquadrate angeben. Das kann so wie ein unendlicher Dezimalbruch notiert werden. Nun können wir die Zuordnung der Quadratpunkte zu den Punkten der Strecke angeben. Wir ordnen jedem Punkt der Strecke den Quadratpunkt zu, der in der eben eingeführten Bezeichnungsweise die gleiche Benennung trägt.

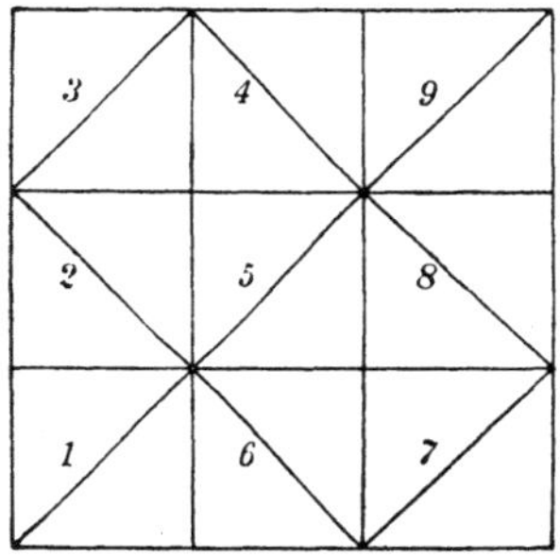

Fig. 28.

Wir wollen uns nun zunächst davon überzeugen, daß hierdurch die Quadratpunkte als *eindeutige* Funktion der Streckenpunkte definiert sind. Wie bei den unendlichen Dezimalbrüchen kann nämlich ein und derselbe Streckenpunkt unter Umständen in verschiedener Weise bezeichnet werden, nämlich dann, wenn er selbst einmal als Teilpunkt auftritt. Aber wie bei den Dezimalbrüchen bieten sich dann nur genau zwei verschiedene Möglichkeiten der Bezeichnung. Wir müssen uns also überzeugen, daß zwei verschiedene Bezeichnungen, die denselben Punkt der Strecke liefern, immer auch denselben Quadratpunkt ergeben. Das kann aus der Art unserer Numerierung bei den Quadratteilungen gefolgert werden, und das war auch einer der Gründe dafür, sie so zu wählen, wie geschehen. Zwei verschiedene Bezeichnungen ein und desselben Streckenpunktes stimmen nämlich in einer gewissen Zahl von Anfangsziffern überein. Alsdann kommen zwei verschiedene, aber aufeinanderfolgende Ziffern, dann in der einen lauter Einsen, in der anderen lauter Neunen. Vergleichen wir zwei derartige Quadratschachtelungen miteinander, so erkennen wir, daß eine gewisse Zahl von Anfangsquadraten übereinstimmen, dann kommen zwei verschiedene, aber aufeinanderfolgende der nächsten Unterteilung, die also in einer Kante aneinandergrenzen, dann kommen in der einen lauter Einsen, d. h. immer die ersten Quadrate der nächsten Unterteilungen, in der anderen lauter Neunen, d. h. die letzten Quadrate der folgenden Unterteilungen. Diese stoßen aber bei unserer Wahl der Bezeichnung immer in Kanten aneinander, und ihr innerster

Punkt ist ihnen daher gemeinsam. So sind die Quadratpunkte eine eindeutige Funktion der Streckenpunkte. Wir wollen beiläufig angeben, daß aber nicht umgekehrt die Streckenpunkte eine eindeutige Funktion der Quadratpunkte sind. Denn wenn ein Quadratpunkt einmal als Eckpunkt einer Teilung auftritt, so ist er innerster Punkt von *vier* verschiedenen Schachtelungen, die also nicht alle auf den gleichen Streckenpunkt führen können. Denn da ist ein jeder Punkt innerster Punkt von höchstens *zwei* verschiedenen Schachtelungen. Somit sind nun die Abszissen und die Ordinaten der Quadratpunkte als eindeutige Funktionen des Parameters t definiert.

Wir wollen weiter sehen, daß sie *stetige Funktionen* sind. Es genügt $x(t)$ zu betrachten. Bei $y(t)$ ist die Sache ganz ähnlich. Wir müssen zeigen, daß es zu jedem ε ein $\delta(\varepsilon)$ gibt, so daß $|x(t_0+h)-x(t_0)|<\varepsilon$, sobald $|h|<\delta(\varepsilon)$. Zum Beweis betrachte ich eine Teilstrecke, die aus zwei aufeinanderfolgenden Strecken der $n$ten Unterteilung besteht. Sie hat die Länge $2(\frac{1}{9})^n$. Die ihren Punkten zugeordneten Quadratpunkte gehören zwei längs einer Kante aneinandergrenzenden Quadraten der $n$ten Unterteilung an. Die bei ihnen vorkommenden Abszissendifferenzen sind also höchstens $2(\frac{1}{3})^n$. Seien nun t_0 und t_0+h zwei Punkte der eben eingeführten Strecke und sei t_0 ein *innerer* Punkt der Strecke. Dann ist also immer $|x(t_0+h)-x(t_0)|<\frac{2}{3^n}$. Setze ich $\frac{2}{3^n}=\varepsilon$, so ist ohne weiteres zu sehen, daß durch hinreichend große Wahl von n, d. h. der Unterteilung, der ich die beiden Strecken entnehme, ε unter jede positive Grenze herabgedrückt werden kann. Das zugehörige $\delta(\varepsilon)$ der Stetigkeitsformulierung ist definiert als Minimalabstand von t_0 von den Intervallenden. So ist die Stetigkeit nachgewiesen.

Nun wollen wir zeigen, daß $x(t)$ *nirgends differenzierbar* ist. Wir haben also zu zeigen, daß für kein t_0 der Grenzwert

$$\lim_{h\to 0}\frac{x(t_0+h)-x(t_0)}{h}$$

existiert. Das wird nach S. 58 geschehen sein, sowie wir erkannt haben, daß es beliebig kleine Werte von h gibt, für die der Differenzenquotient verschwindet, und daß es andererseits beliebig kleine Werte von h gibt, für die er über einer irgendwie fixierten Grenze liegt. Es soll wieder t_0 der oben eingeführten Doppelstrecke angehören, die wir ja beliebig kurz wählen können. Man sieht sofort, daß es in dem zugeordneten Doppelquadrat Punkte gleicher Abszisse gibt. Ich kann daher t_0+h in der Doppelstrecke so wählen, daß $x(t_0+h)=x(t_0)$. Daraus folgt der erste Teil der gewünschten Feststellung. Überall, wo der Differentialquotient existiert, muß er Null sein. Daraus folgt schon, daß er nicht überall existieren kann, da sonst die Funktion $x(t)$ konstant sein müßte. Er kann nicht einmal in einem Intervall existieren. Daß er aber nirgends existiert, werden wir erkannt haben, so wie wir gezeigt haben, daß es für jedes t_0 beliebig kleine h gibt, für die der Differenzenquotient oberhalb einer festen Grenze bleibt. In unserem Doppelquadrat können wir nämlich immer eine Abszisse $x(t_0 + h)$ finden, die von $x(t_0)$ um mindestens die Hälfte der Kante des Doppelquadrates absteht, die zur x-Achse parallel ist. Die Länge derselben ist aber mindestens $(\frac{1}{3})^n$ (nämlich $(\frac{1}{3})^n$, wenn die Quadrate übereinanderliegen und $2(\frac{1}{3})^n$, wenn sie nebeneinanderliegen.) Daher ist bei dieser Wahl von h immer $|x(t_0 + h) - x(t_0)| \geq \frac{1}{2}(\frac{1}{3})^n$. Ferner ist aber $|h|$ selbst kleiner als $2(\frac{1}{9})^n$. Daher ist

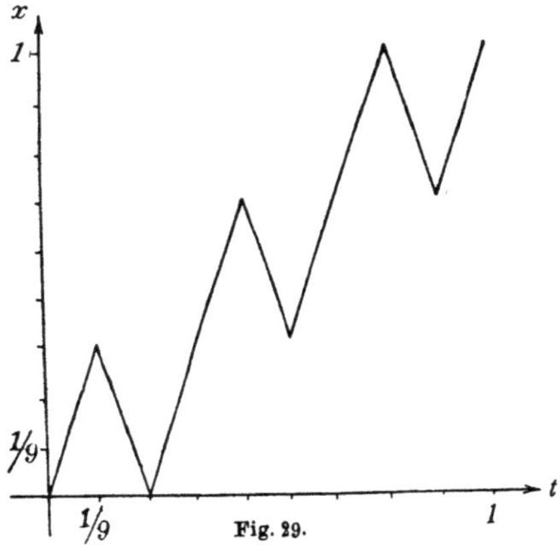

Fig. 29.

$$\left|\frac{x(t_0+h) - x(t_0)}{h}\right| > \frac{1}{4}\,3^n.$$

Damit ist der Beweis zu Ende. Man wird noch den Wunsch haben, auch etwas anschaulich in das Zustandekommen der eben festgestellten Eigenschaft hineinzusehen. Man kann sich eine ungefähre Vorstellung von dem Verlauf der Funktion $x(t)$ machen. Zu dem Zweck muß man an den Streckenzug denken, den wir in unsere Fig. 28 eingezeichnet haben und dessen Bedeutung wir jetzt angeben wollen. Das ist weiter nichts als ein Sehnenpolygon, das der Peanokurve eingezeichnet ist. Man sieht nämlich leicht ein, daß es die Eckpunkte mit der Peanokurve gemeinsam hat. Ich kenne so auch die Werte der Funktion $x(t)$ in einzelnen

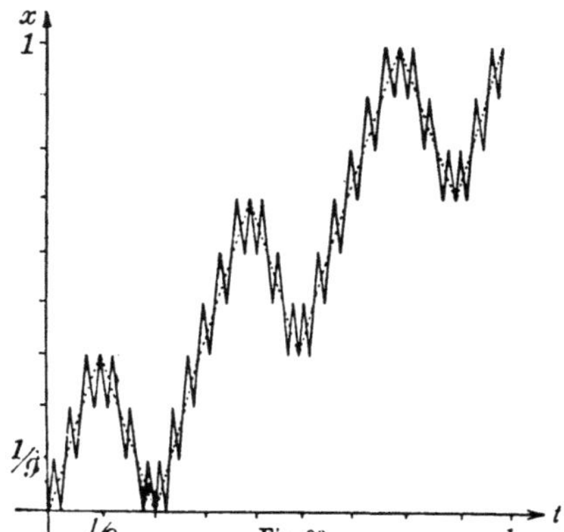

Fig. 30.

Punkten, nämlich in allen Teilpunkten. Ich will nun die Funktion $x(t)$ in einem rechtwinkligen x-t-System deuten und dabei die eben gefundenen Stellen der Kurve $x(t)$ verwenden. Verbinde ich sie durch gerade Linien, so erhalte ich als erste Annäherung das Sehnenpolygon der Fig. 29, der ersten Unterteilung entsprechend. Bei der zweiten Unterteilung wird es durch das kompliziertere der nächsten Fig. 30 ersetzt. So bekommt man einen ungefähren Einblick.

Man erkennt, wie die in der Fig. 30 dargestellte zweite Annäherung aus der ersten Annäherung der Fig. 29 dadurch hervorgeht, daß jedes geradlinige Stück durch einen Zickzackzug ersetzt wird. So erhält man auch jede folgende Annäherung aus der vorhergehenden. Der Leser wird auch leicht sehen, wie es kommt, daß es an jeder Stelle sowohl verschwindende als auch sehr große Differenzenquotienten gibt.

X. Funktionen von zwei Variabeln.

§ 1. Grenzwerte und Stetigkeit. Was man unter einer Funktion von zwei Variablen versteht, ist dem Leser schon von S. 2 geläufig. Als geometrische Deutung einer solchen Funktion $z = f(x, y)$ bietet sich die Darstellung durch eine Fläche in dem dreiachsigen rechtwinkligen Koordinatensystem (x, y, z). Wann werden wir eine solche Funktion an einer Stelle (x, y) der unabhängigen Variablen stetig nennen? Doch jedenfalls immer dann, wenn sich die Werte der Funktion in der Nachbarschaft des Punktes x_0, y_0 der x-y-Ebene von $f(x_0, y_0)$ beliebig wenig unterscheiden, einerlei ob die Funktion überall erklärt ist oder nicht. Um aber mit dieser Vorstellung logisch operieren zu können, müssen wir sie, wie bei einer Variablen, erst in ein begrifflich faßbares Gewand bringen. Dazu sind vorab Erörterungen über den Grenzbegriff notwendig.

Unter einer *Umgebung* einer Stelle (x_0, y_0) der x-y-Ebene wollen wir fortan immer entweder das Innere eines Kreises verstehen, dessen Mittelpunkt dieser Punkt (x_0, y_0) ist, oder aber das Innere eines Rechteckes, dessen Mittelpunkt wieder (x_0, y_0) ist. Das ist die genaue Verallgemeinerung des um einen Punkt der Zahlengeraden abgegrenzten Intervalles, wie denn hier überhaupt an die Stelle der Zahlengeraden die Zahlenebene, die x-y-Ebene, tritt. Von der Verallgemeinerung des Intervallschachtelungsprinzips war schon auf S. 113 die Rede. Nun zur Definition des *Grenzwertes einer Funktion* $f(x, y)$ beim Übergang zur Stelle (x_0, y_0). Wir werden schreiben $\lim\limits_{\substack{x \to x_0 \\ y \to y_0}} f(x, y) = A$ *dann und nur dann, wenn sich für jedes vorgegebene positive* ε *um die Stelle* (x_0, y_0) *eine Umgebung abgrenzen läßt, derart, daß für alle* x, y

dieser Umgebung immer $|f(x, y) - A| < \varepsilon$ ist. Für diesen hiermit definierten *Doppellimes* gelten ganz ähnliche Gesetze wie für den Limes bei Funktionen einer Variablen, namentlich auch das allgemeine Konvergenzprinzip: *Der Doppellimes existiert dann und nur dann, wenn sich für jedes positive* ε *um die Stelle eine Umgebung abgrenzen läßt, so daß für zwei beliebige Punkte* $(x_1 y_1)$ *und* $(x_2 y_2)$ *dieser Umgebung immer* $|f(x_1, y_1) - f(x_2, y_2)| < \varepsilon$ ist. Der Beweis ist genau der gleiche wie bei einer Variablen, wofern man nur in dem dort auf S. 57 gegebenen Wortlaut überall statt „Intervall um $x = \alpha$" liest: „Umgebung von $(x_0 y_0)$." Der Leser mag den Beweis also dort nachsehen.

Ein Kreis um $(x_0 y_0)$ ist analytisch charakterisiert durch die Ungleichung $(x - x_0)^2 + (y - y_0)^2 < \varepsilon$, während die beiden Ungleichungen $|x - x_0| < \varepsilon_1$ und $|y - y_0| < \varepsilon_2$ ein Rechteck um den Punkt liefern.

Beispiele: 1. $|x^2 + y^3| < \varepsilon$ für $|x| < \sqrt{\frac{\varepsilon}{2}}$ und $|y| < \sqrt[3]{\frac{\varepsilon}{2}}$.

Also ist die Funktion stetig bei $x = 0$, $y = 0$.

2. $$\left| xy\frac{x^2 - y^2}{x^2 + y^2} \right| < |x||y| < \frac{|x|^2 + |y|^2}{2} < \varepsilon, \text{ für } |x|^2 + |y|^2 < 2\varepsilon.$$

Also ist die Funktion stetig bei $x = 0$, $y = 0$, wenn man ihr dort den Wert Null beilegt.

Der hier definierte Doppellimes muß scharf unterschieden werden von dem *doppelten oder zweifachen Limes* $\lim\limits_{x \to 0} \lim\limits_{y \to 0} f(x, y)$. Bei diesem handelt es sich darum, erst y nach Null rücken zu lassen. Dabei bleibt x fest. Man nähert sich also dabei einem festen Punkt der x-Achse. Wenn das geschehen ist, soll man weiter den Grenzübergang $x \to 0$ ausführen. Darin liegt, daß das etwas anderes sein kann, als der doppelte Grenzübergang $\lim\limits_{y \to 0} \lim\limits_{x \to 0} f(x, y)$ liefert, bei dem die Reihenfolge der Grenzübergänge vertauscht ist. Z. B. ist

$$\lim_{x \to 0} \lim_{y \to 0} \frac{x + y}{x - y} = \lim_{x \to 0} \frac{x}{x} = 1$$

und

$$\lim_{y \to 0} \lim_{x \to 0} \frac{x + y}{x - y} = \lim_{y \to 0} \frac{y}{-y} = -1.$$

Indessen gilt, wie man leicht übersieht, ein wichtiger Satz über die Beziehung zwischen doppeltem Limes und Doppellimes: *Wenn der Doppellimes* $\lim\limits_{\substack{x \to 0 \\ y \to 0}} f(x, y)$ *und die beiden doppelten Limites* $\lim\limits_{x \to 0} \lim\limits_{y \leftarrow 0} f(x, y)$ *und* $\lim\limits_{y \to 0} \lim\limits_{x \to 0} f(x, y)$ *existieren, so sind alle drei einander gleich.* Denn dann sind alle bei den beiden doppelten Limites vorkommenden Funktionswerte, soweit sie in einer genügend kleinen Umgebung von (0, 0) angenommen werden, um weniger als ε voneinander verschieden, also sind auch die doppelten Limites selbst beide voneinander und vom Doppellimes um weniger als ε verschieden. Also sind sie einander gleich, da ε beliebig angenommen werden kann.

Man kann indessen aus der Existenz des Doppellimes nicht folgern, daß auch nur einer der doppelten Limites existiert. Betrachten wir z. B. die Funktion: $f(x, y) \equiv y \sin \frac{1}{x}$ für $x \neq 0$, $f(x, y) \equiv 0$ für $x = 0$. Der Doppellimes $\lim\limits_{\substack{x \to 0 \\ y \to 0}} f(x, y)$ existiert und ist gleich Null; denn für $|y| < \varepsilon$ und beliebiges x, also erst recht für $|x| < \varepsilon$ und $|y| < \varepsilon$, ist immer $\left| y \sin \frac{1}{x} \right| < \varepsilon$. Jedoch existiert der $\lim\limits_{y \to 0} \lim\limits_{x \to 0} y \sin \frac{1}{x}$ nicht. Denn schon $\lim\limits_{x \to 0} y \sin \frac{1}{x}$ existiert nicht. In diesem Beispiel existiert zufällig noch der $\lim\limits_{x \to 0} \lim\limits_{y \to 0} y \sin \frac{1}{x} = 0$. Aber das ist wirklich nur ein Zufall. Denn bei

$$f(x, y) \equiv y \sin \frac{1}{x} + x \sin \frac{1}{y} \text{ für } x \neq 0,\ y \neq 0,\ f(x, y) = 0 \text{ für } x = 0$$

und für $y = 0$ existiert zwar der Doppellimes, aber keiner der doppelten Limites.

Ebensowenig kann man umgekehrt aus der Existenz der beiden doppelten Limites die Existenz des Doppellimes erschließen. Betrachten wir nämlich z. B. die Funktion $\frac{x}{x + y^2}$, so ist

$$\lim_{x \to 0} \lim_{y \to 0} \frac{x}{x + y^2} = 1 \quad \text{und} \quad \lim_{y \to 0} \lim_{x \to 0} \frac{x}{x + y^2} = 0.$$

Aber der Doppellimes existiert nicht; denn auf der x-Achse ist ja unsere Funktion 1, auf der y-Achse dagegen ist sie 0. Also kann es keine Zahl geben, die von beiden beliebig wenig abweicht.

Der Leser denkt vielleicht, das liege daran, daß eben die beiden doppelten Limites verschieden waren. Wenn sie aber gleich sind, ist es genau ebenso. Ich will ein Beispiel einer Funktion angeben, für die nicht allein die beiden doppelten Limites einander gleich sind, nein, in dem sogar bei jeder geradlinigen Annäherung an den Nullpunkt $f(x, y)$ demselben Grenzwert Null zustrebt, und wo der Doppellimes nicht existiert. Ich setze $f(x, y) = \frac{4 y^2 x}{(y^2 + x)^2}$. Dann ist $\lim\limits_{x \to 0} \lim\limits_{y \to 0} f(x, y) = 0$, und es ist $\lim\limits_{y \to 0} \lim\limits_{x \to 0} f(x, y) = 0$. Ferner ist längs der Geraden

$$y = kx : f(x, y) = \frac{4k^2 x}{(k^2 x + 1)^2}. \quad \text{Also} \quad \lim_{x \to 0} f(x, kx) = 0.$$

Und doch kann der Doppellimes nicht existieren, da es z. B. in jeder Nähe von (0, 0) noch Punkte gibt, wo $f(x, y) = 1$. Das sind die Punkte der Parabel $x = y^2$.

Man kann sich von den hier vorgetragenen Sachverhalten auch anschaulich leicht eine Vorstellung verschaffen. Ich gebe daher noch folgendes Beispiel, das bei (0, 0) ganz dasselbe Verhalten zeigt, wie das vorhergehende, das aber wohl anschaulich durchsichtiger ist als dieses. Die Funktion $f(x, y)$ sei so definiert: Für $x = 0$ soll $f(x, y) = 0$ sein, für die Punkte der xy-Ebene, die der Gleichung $y^2 = x(\alpha - x)$ genügen, soll $f(x, y) = \frac{\alpha}{1+\alpha^2}$ sein. Die Punkte, die bei einem bestimmten α der Gleichung $y^2 = x(\alpha - x)$ genügen, liegen auf einem Kreis, der die y-Achse im Koordinatenanfang berührt. Jedem Wert des Parameters α entspricht ein solcher Kreis. Ich erhalte eine Kreisschar, deren Parameter α ist. Die Kreise mit positivem α liegen rechts, die mit negativem α links der y-Achse. $\alpha \rightarrow \infty$ liefert die y-Achse selbst. Die Kreise mit kleinem $|\alpha|$ haben einen kleinen Radius, der sich mit abnehmendem $|\alpha|$ fortwährend verkleinert und für $|\alpha| = 0$ verschwindet. Die Kreise mit kleinerem $|\alpha|$ liegen im Inneren der Kreise mit größerem $|\alpha|$. Diese Kreise sind nun die Höhenlinien unserer Fläche. Denn längs eines jeden derselben hat $f(x, y)$ denselben Wert. Den Verlauf der Funktion $z = \frac{\alpha}{1+\alpha^2}$ haben wir auf S. 85 studiert. Demnach nimmt unsere Funktion ihren größten Wert auf dem Kreise $\alpha = 1$ ein, ihren kleinsten auf dem Kreise $\alpha = -1$. Wenn ich den Verlauf der Fläche über irgendeiner Geraden $y = mx$ durch den Koordinatenanfang verfolge, so hat längs dieser Geraden bei Annäherung an (0, 0), $f(x, y)$ immer den Grenzwert Null, welche Gerade ich auch nehmen mag. Denn eine solche Gerade trifft in der Umgebung von (0, 0) nur Kreise mit sehr kleinem Parameter. Eine Ausnahme macht nur die y-Achse. Auf dieser Geraden aber verschwindet die Funktion ja ohnedies. Also längs *jeder Geraden* ist der Grenzwert Null. Aber wenn ich mich längs einem der *Kreise* der Schar dem Koordinatenanfang nähere, so ist der Grenzwert gleich $\frac{\alpha}{1+\alpha^2}$, wenn α den Parameter des Kreises bedeutet, auf welchem ich mich dem Koordinatenanfang nähere. Ich kann als Grenzwert jeden Wert zwischen $-\frac{1}{2}$ und $+\frac{1}{2}$ herausbekommen.

Bei der nun gleich folgenden Definition der Stetigkeit wird der Doppellimes eine wichtige Rolle spielen. Er ist die eigentliche Verallgemeinerung des Limes bei Funktionen einer Variablen. Für ihn, wie auch für die doppelten Limites, gelten die folgenden Regeln wie bei einer Variablen: Der Limes einer Summe ist gleich der Summe der Einzellimites; ferner der Limes eines Produktes ist gleich dem Produkt der Einzellimites; der Limes eines Quotienten ist gleich dem Quotient der Einzellimites, wofern der Limes des Nenners nicht Null ist. Der Beweis wird genau wie bei einer Variablen geführt. Wir gehen daher nicht näher darauf ein.

Wir nennen eine Funktion an der Stelle x_0, y_0 *stetig, wenn* $\lim\limits_{\substack{x \to x_0 \\ y \to y_0}} f(x, y) = f(x_0, y_0)$ *ist.* Man darf sich von dem Aussehen des geometrischen Bildes einer nur an einer Stelle stetigen Funktion keine falsche Vorstellung machen. Stetig im Sinne dieser Definition ist bei (0, 0) auch die Funktion $z = y$ für $x \geqq 0$, $z = -y$ für $x < 0$. Man veranschaulicht sich dieselbe am besten geometrisch dadurch, daß man sich die (x, y)-Ebene längs der y-Achse aufgeschnitten denkt und dann die beiden Halbebenen um die x-Achse gegeneinander dreht, so daß dabei der Schlitz immer über der y-Achse bleibt.

Sätze über stetige Funktionen: Summe, Differenz, Produkt und Quotient stetiger Funktionen sind wieder stetige Funktionen überall da, wo der Nenner nicht verschwindet. Der Beweis verläuft genau wie bei einer Variablen. Wir bemerken noch, daß natürlich x und y selbst stetige Funktionen der beiden Variablen x und y sind. Dann können wir schließen, daß alle rationalen Funktionen von x und y wieder stetige Funktionen sind, außer an den Nullstellen des Nenners. Wir können weiter bemerken, daß alle stetigen Funktionen der einen Variablen x auch stetige Funktionen der beiden Variablen x und y sind, denn wir können sie als solche Funktionen der beiden Variablen auffassen, deren Wert an jeder Stelle nur von x abhängt.

Wenn wir in einer stetigen Funktion $f(u, v)$ für die beiden Variablen wieder stetige Funktionen $u(x, y)$ und $v(x, y)$ eintragen, so ist die mittelbare Funktion wieder eine stetige Funktion. Also ist z. B. auch $f(u(x), v(x))$ eine stetige Funktion von x, wenn $u(x)$ und $v(x)$ solche Funktionen sind und wenn $f(u, v)$ eine stetige Funktion seiner beiden Variablen ist, für solche Werte derselben natürlich, die von $u(x)$ und $v(x)$ angenommen werden, und an denen $u(x)$ und $v(x)$ stetig sind.

Um nun weiter die allgemeinen Sätze über stetige Funktionen übertragen zu können, müssen wir erst wieder ein paar Grundbegriffe für das zweidimensionale Gebiet neu einführen. Wenn in der xy-Ebene eine unendliche Menge von Punkten gegeben ist, so heißt ein Punkt P *Häufungspunkt* dieser Menge, wenn in jeder Umgebung dieses Punktes unendlich viele Punkte der Menge liegen.

Eine Punktmenge heißt *beschränkt* oder im Endlichen gelegen, wenn sich ein Quadrat (oder, was dasselbe bedeutet, ein Kreis) angeben läßt, der alle Punkte der Menge im Inneren enthält.

Eine beschränkte unendliche Punktmenge besitzt mindestens einen *Häufungspunkt*. Der Beweis geht ähnlich wie auf der Geraden durch Quadratschachtelung. Wir teilen das Quadrat in vier gleiche Teilquadrate. Mindestens eines enthält unendlich viele der Punkte im Inneren oder am Rand. Dieses oder (wenn es mehrere sind) irgendeines derselben teilen wir wieder in vier Quadrate. So fortfahrend, erhalten wir eine Quadratschachtelung, deren innerster Punkt ein Häufungspunkt ist.

Unter einem *Bereich* verstehen wir eine Punktmenge von folgender Art: Jeder Punkt der Menge besitzt eine Umgebung, die nur aus Punkten der Menge besteht. Irgend zwei Punkte der Menge aber lassen sich durch einen Polygonzug miteinander verbinden, welcher nur Punkte der Menge passiert (Polygonzug heißt eine Kurve, die aus endlich vielen geradlinigen Stücken besteht). Ein Bereich ist also z. B. das Kreisinnere, das Ellipseninnere und viele andere.

Unter einem *Grenzpunkt* oder *Randpunkt* eines Bereiches verstehen wir einen Punkt, der selbst nicht dem Bereich angehört, der aber Häufungspunkt von Bereichpunkten ist, in dessen beliebiger Nähe also Bereichpunkte liegen; z. B. die Kreisperipherie, der Rand der Ellipse usw.

Ein *Gebiet* (abgeschlossener Bereich) entsteht aus einem Bereich durch Hinzunahme der Randpunkte, also z. B. Kreisinneres plus Rand.

Allgemeine Sätze über stetige Funktionen: Eine in einem abgeschlossenen, ganz im Endlichen gelegenen Bereich stetige und endliche Funktion (d. h. stetig im Inneren und auf dem Rande) ist beschränkt. Denn sonst ließe sich eine Stelle angeben, an welcher der Betrag der Funktion größer als 1 wäre, eine Stelle, wo ihr Betrag größer als 2, allgemein eine Stelle, wo ihr Betrag größer wäre als die beliebige ganze Zahl n. Diese Punkte besitzen dann mindestens einen Häufungspunkt, der dem Bereich oder seinem Rand angehört. Da aber hier die Funktion einen endlichen Wert besitzt, so liegen auch ihre Werte an allen Stellen einer gewissen Umgebung unterhalb einer gewissen Schranke, während nach unserer Konstruktion in jeder Umgebung dieses Punktes Stellen lägen, wo der Betrag über *jeder* gegebenen Schranke liegt. Daher existiert nun auch für die Funktionswerte eine *obere und eine untere Grenze*, die aber beide irgendwo von der Funktion angenommen werden. Das erkennt man wie bei einer Variablen. Daher hat jede im abgeschlossenen Bereich stetige Funktion im Bereich oder an seinem Rande ein *Maximum und ein Minimum*. Auch nimmt sie jeden zwischen Maximum und Minimum gelegenen Wert irgendwo im Bereiche oder an seinem Rande an.

§ 2. Ableitungen. Die partiellen Ableitungen der Funktion $f(x,y)$ haben wir schon auf S. 72 eingeführt. Wir haben der dort gegebenen Darlegung nichts hinzuzufügen. Als eine Anwendung des bisher Bepsrochenen wollen wir nun die Kettenregel auf mittelbare Funktionen $f((xt), y(t))$ erweitern. Durch die Gleichungen $x = x(t)$ und $y = y(t)$ für $t_0 \leqq t \leqq t_1$ wird eine Kurve der xy-Ebene definiert. Die Funktion $f(x, y)$ möge eine stetige Funktion der beiden Variablen x und y sein in einem Bereich, der diese Kurve ganz im Innern enthält. Ferner sollen die partiellen Ableitungen $p(x, y) = \frac{\partial f}{\partial x}$ und $q(x, y) = \frac{\partial f}{\partial y}$ existieren und stetig sein. Weiter sollen auch $x(t)$ und $y(t)$ differenzierbar sein. Dann ist auch die mittelbare Funktion $f(x(t), y(t))$ differenzierbar, und es gilt

$$\frac{df}{dt} = \frac{\partial f}{\partial x}\frac{dx}{dt} + \frac{\partial f}{\partial y}\frac{dy}{dt}.$$

Der Beweis fließt aus der Definition der Differentialquotienten und der Stetigkeit. Wir haben nämlich

$$\lim_{\Delta t \to 0} \frac{f(x(t+\Delta t),\ y(t+\Delta t)) - f(x, y)}{\Delta t}$$

$$= \lim_{\Delta t \to 0} \frac{f(x+\Delta x, y+\Delta y) - f(x, y+\Delta y)}{\Delta t} + \lim_{\Delta t \to 0} \frac{f(x, y+\Delta y) - f(x, y)}{\Delta t}.$$

Dies wird nach dem Mittelwertsatz

$$= \lim_{\Delta t \to 0} p\,(x+\vartheta_1 \triangle x, y+\triangle y) \lim_{\Delta t \to 0} \frac{\Delta x}{\Delta t} + \lim_{\Delta t \to 0} q(x, y+\vartheta_2 y) \lim_{\Delta t \to 0} \frac{\Delta y}{\Delta t}$$

$$= p(x, y)\frac{dx}{dt} + q(x, y)\frac{dy}{dt} = \frac{\partial f}{\partial x}\frac{dx}{dt} + \frac{\partial f}{\partial y}\frac{dy}{dt}.$$

Die Verallgemeinerung der Kettenregel auf mittelbare Funktionen, die aus Funktionen von noch mehr Variablen entstehen, liegt hiernach auf der Hand, wie denn überhaupt der Leser imstande sein wird, alles bisher Gesagte sich auch bei Funktionen von mehr als zwei Variablen zurechtzulegen.

Wir kommen zu den *höheren Ableitungen*. Sie werden erhalten, wenn die partiellen ersten Ableitungen wieder differenziert werden. So aber erhält man schon vier partielle Ableitungen zweiter Ordnung, nämlich je nachdem ob wir p oder q wieder nach x oder nach y differenzieren. Jeder, der sich naiv und rein mechanisch mit diesen Dingen befaßt, kommt ganz von selber darauf, daß es Funktionen gibt, für die $\frac{\partial p}{\partial y} = \frac{\partial^2 f}{\partial y \partial x} = \frac{\partial^2 f}{\partial x \partial y} = \frac{\partial q}{\partial x}$, für die also die Reihenfolge der Differentiationen gleichgültig ist. Mancher wird auch ohne weiteres Nachdenken es für selbstverständlich halten, daß es so ist. Aber das ist voreilig. Es wäre ein Irrtum. Schon die Funktion $z = xy\,\frac{x^2 - y^2}{x^2 + y^2}$ beweist das Gegenteil. Sie besitzt, wie wir oben sahen, bei (0, 0) einen Grenzwert, nämlich Null. Erklären wir also für (0, 0) die Funktion dadurch, daß wir dort $z = 0$ setzen, erklären wir sie aber an allen anderen Stellen (wo dieser Ausdruck ja nicht versagt) durch $z = xy\,\frac{x^2 - y^2}{x^2 + y^2}$, so ist sie bei (0, 0) stetig. Nun wird

$$p(0, y) = \lim_{x \to 0} \frac{xy\,\frac{x^2 - x^2}{x^2 + y^2} - 0}{x} = -y$$

und

$$q(x, 0) = \lim_{y \to 0} \frac{xy\,\frac{x^2 - y^2}{x^2 + y^2} - 0}{y} = x.$$

Daher wird $\frac{\partial^2 f}{\partial y \partial x}(0, 0) = -1$, dagegen $\frac{\partial^2 f}{\partial x \partial y}(0, 0) = 1$. Ein weiteres solches Beispiel wird durch die Funktion $z = xy\,\frac{x^2 + 2y^2}{x^2 + y^2}$ für $(x, y) \neq (0, 0)$ und $z = 0$ für $(x, y) = (0, 0)$ gegeben. Auch diese Funktion ist bei (0, 0) stetig. Denn es ist

$$\left|\frac{xy}{x^2 + y^2}(x^2 + 2y^2)\right| < \left|\frac{xy}{x^2 + y^2}(2x^2 + 2y^2)\right| < 2\,|x|\,|y| < \varepsilon \quad \text{für}$$

$$|x| < \sqrt{\frac{\varepsilon}{2}}, \quad |y| < \sqrt{\frac{\varepsilon}{2}}.$$

Hier wird $p(0, y) = 2y$ und $q(x, 0) = x$. Daher wird $\frac{\partial^2 f}{\partial y \partial x} = 2$ und $\frac{\partial^2 f}{\partial x \partial y} = 1$.

Wir wollen noch versuchen, einen geometrischen Einblick in den Sachverhalt zu gewinnen. Die Fläche $z = xy\,\frac{x^2 + 2y^2}{x^2 + y^2}$ sieht in der Umgebung von (0, 0) ähnlich aus wie das hyperbolische Paraboloid $z = xy$. Genau wie dieses passiert sie in den beiden geradlinigen Erzeugenden $x = 0$ und $y = 0$ die xy-Ebene und ist im ersten und dritten Quadranten oberhalb, im zweiten und vierten unterhalb dieser Ebene gelegen. Um nun weiter die geometrische Bedeutung der Verschiedenheit von $\frac{\partial^2 f}{\partial x \partial y}$ und $\frac{\partial^2 f}{\partial y \partial x}$ einzusehen, was ja bei $z = xy$ anders ist, fragen wir zunächst nach der geometrischen Bedeutung der beiden partiellen ersten Ableitungen p und q. Wenn wir durch die Fläche $z = f(x, y)$ einen Schnitt legen parallel zur xz-Ebene, etwa bei $y = y_0$, so erhalten wir eine Schnittkurve mit der Gleichung $z = f(x, y_0)$.

Der Richtungstangens dieser Schnittkurve ist $p(x, y_0)$. Schneiden wir parallel zur yz-Ebene bei $x = x_0$, so erhalten wir eine Schnittkurve mit der Gleichung $z = f(x_0, y)$. Ihr Richtungstangens wird $q(x_0, y)$. Die zweiten Ableitungen geben nun an, wie sich diese Richtungstangens ändern, wenn man sie längs einer Parallelen zur x- oder y-Achse auf der Fläche verfolgt. Die in unserem Beispiele aufgeschriebenen waren direkt die Richtungstangens der Schnittkurven in den Punkten der x-Achse bzw. den Punkten der y-Achse. Während beim Paraboloid die Schnittkurven diese beiden Geraden gleich steil durchsetzen, besteht hier ein Unterschied der Steigungen. Die y-Achse wird steiler durchsetzt wie die x-Achse. Dazu nimmt die Steigung längs der y-Achse bei Annäherung an den Koordinatenanfang rascher ab als längs der x-Achse.

Wenn man den hier dargelegten Sachverhalt mit der evidenten Tatsache vergleicht, daß bei ganzen rationalen Funktionen die Reihenfolge der *Differentiationen* sich als vertauschbar erweist, so drängt sich einem die Frage nach den Bedingungen auf, unter welchen diese Gleichheit stattfindet, zumal für das bloße Auge gar kein so großer Unterschied z. B. zwischen unserer Fläche und dem Paraboloid bei $(x, y) = (0, 0)$ zu bestehen scheint. Wir werden in dieser Richtung den folgenden Satz beweisen:

In einer Umgebung von x_0, y_0 *sollen* $f(x, y)$, p, q, $\frac{\partial^2 f}{\partial x\,\partial y}$, $\frac{\partial^2 f}{\partial y\,\partial x}$ *existieren und stetig sein, dann ist an dieser Stelle* $\frac{\partial^2 f}{\partial x\,\partial y} = \frac{\partial^2 f}{\partial y\,\partial x}$.

Zum Beweis müssen wir auf die Definition der Ableitungen zurückgehen. Es ist $p(x_0, y) = \lim\limits_{h \to 0} \frac{f(x_0 + h, y) - f(x_0, y)}{h}$. Daher wird

$$\frac{\partial^2 f}{\partial y\,\partial x} = \lim_{k \to 0} \lim_{h \to 0} \frac{f(x_0 + h, y_0 + k) - f(x_0, y_0 + k) - f(x_0 + h, y_0) + f(x_0, y_0)}{hk}.$$

Ferner ist aber $q(x, y_0) = \lim\limits_{k \to 0} \frac{f(x, y_0 + k) - f(x_0, y_0)}{h}$, und es wird

$$\frac{\partial^2 f}{\partial x\,\partial y} = \lim_{h \to 0} \lim_{k \to 0} \frac{f(x_0 + h, y_0 + k) - f(x_0 + h, y_0) - f(x_0, y_0 + k) + f(x_0, y_0)}{hk}.$$

Die beiden Ausdrücke unterscheiden sich also nur durch die Reihenfolge der beiden Grenzübergänge. Wir hatten schon oben S. 117 Beispiele dafür, daß die Reihenfolge zweier Grenzübergänge nicht gleichgültig ist. Hier finden wir neue Beispiele. Wir erkannten damals, daß beide sicher dann gleich sind, wenn der zugehörige Doppellimes existiert. Dieser Satz wird bei unserem

Beweis eine Rolle spielen. Wir wenden den Mittelwertsatz mehrmals an. Um $\frac{\partial^2 f}{\partial y \partial x}$ umzuformen, setze ich

$$\frac{f(x_0+h, y)-f(x_0, y)}{h}=\varphi(y).$$

Dann wird

$$\frac{\partial^2 f}{\partial y \partial x}(x_0, y_0)=\lim_{k\to 0}\lim_{h\to 0}\frac{\varphi(y_0+k)-\varphi(y_0)}{k}=\lim_{k\to 0}\lim_{h\to 0}\frac{\partial \varphi}{\partial y}(y_0+\vartheta_1 k)$$

$$=\lim_{k\to 0}\lim_{h\to 0}\frac{\frac{\partial f}{\partial y}(x_0+h, y_0+\vartheta_1 k)-\frac{\partial f}{\partial y}(x_0, y_0+\vartheta_1 k)}{h}$$

$$=\lim_{k\to 0}\lim_{h\to 0}\frac{\partial^2 f}{\partial x \partial y}(x_0+\vartheta_2 h,\ y_0+\vartheta_1 k).$$

Nun existiert aber wegen der Stetigkeit von $\frac{\partial^2 f}{\partial x \partial y}$ der Doppellimes und ist diesem doppelten Limes gleich (S. 117). Daher ist

$$\lim_{k\to 0}\lim_{h\to 0}\frac{\partial^2 f}{\partial x \partial y}(x_0+\vartheta_2 h,\ y_0+\vartheta_1 k)=\frac{\partial^2 f}{\partial x \partial y}(x_0, y_0).$$

Also ist wirklich $\frac{\partial^2 f}{\partial x \partial y}(x_0, y_0)=\frac{\partial^2 f}{\partial y \partial x}(x_0, y_0).$

Es bleibt noch ein Wort über die dritten und höheren Ableitungen. Man bezeichnet sie so: $\frac{\partial^3 f}{\partial x^3}, \frac{\partial^3 f}{\partial x \partial y^2}, \frac{\partial^3 f}{\partial y^2 \partial x}\cdots$ Der Leser wird sich leicht ähnliche Vertauschbarkeitssätze auch dort überlegen.

Aus diesem Satz folgt z. B., daß für alle rationalen Funktionen die Differentiationsordnung gleichgültig ist mit Ausnahme der Stellen, wo der Nenner verschwindet.

§ 3. Implizite Funktionen. Wir sind nun imstande, Fragen in Angriff zu nehmen, die wir früher zurückstellen mußten, nämlich Fragen über implizite Funktionen $y(x)$, die also durch Gleichungen von der Form $F(x, y)=0$ definiert sind. Die erste Frage ist die nach der Existenz von Funktionen $y(x)$, die einer solchen Gleichung genügen. Man kann natürlich nicht erwarten, daß eine jede solche Gleichung eine Lösungsfunktion besitzt, das heißt eine Funktion $y=f(x)$, durch deren Einsetzen die Gleichung identisch erfüllt wird. Denn z. B. e^{x-y} wird nie Null. Aber es gibt einen Satz von ungefähr folgendem Charakter: Wenn eine Funktion $F(x, y)$ an einer Stelle (x_0, y_0) zu Null wird, dann gibt es auch eine Funktion $y=f(x)$, die sie zu Null macht. Wir müssen, bevor wir beweisen können, die Voraussetzungen, die wir machen wollen, klar formulieren. Ich stelle folgenden Satz auf:

Es sei $F(x_0, y_0) = 0$ *und* $F(x, y)$ *sowie* $\frac{\partial F}{\partial x}$ *und* $\frac{\partial F}{\partial y}$ *stetig in einer Umgebung von* (x_0, y_0). *Außerdem sei* $\frac{\partial F}{\partial y}(x_0, y_0)$ *von Null verschieden. Dann kann man um die Abszisse* x_0 *ein Intervall abgrenzen, und um die Ordinate* y_0 *gleichfalls ein Intervall angeben, derart, daß zu jedem* x_1 *aus dem ersten Intervall genau ein* y_1 *aus dem zweiten gehört, für die* $F(x_1, y_1) = 0$ *ist. Die so definierte Lösung* $y = f(x)$ *ist eindeutig und bei* x_0 *stetig und differenzierbar, und es ist*

$$\frac{dy}{dx} = -\frac{\frac{\partial F}{\partial x}}{\frac{\partial F}{\partial y}}.$$

Um etwas Bestimmtes vor Augen zu haben, will ich zum Beweis annehmen, daß $\frac{\partial F}{\partial y}(x_0, y_0) > 0$ ist. Ich grenze nun um (x_0, y_0) als Mittelpunkt ein Rechteck (Fig. 31) ab, in dem 1. $F(x, y)$ und seine Ableitungen stetig sind, und in welchem 2. durchweg $\frac{\partial F}{\partial y}$ positiv ist. Das geht, weil ja $\frac{\partial F}{\partial y}(x_0, y_0) > 0$ und dort stetig ist. Betrachte ich nun die Parallele zur y-Achse bei $x = x_0$, so muß F, weil $\frac{\partial F}{\partial y}$ positiv ist, und weil $F(x_0, y_0) = 0$ ist, beim Übergang zu größeren y-Werten positiv, beim Übergang zu kleineren y-Werten dagegen negativ werden. Ich kann also auf dieser Geraden die Punkte A und B in gleicher Entfernung von (x_0, y_0) so wählen, daß in ihnen $F(x, y)$ verschiedenes Vorzeichen besitzt. In A ist $F > 0$, in B dagegen $F < 0$. Daher kann ich nun wieder um A und B zwei Rechtecke abgrenzen, in deren einem F positiv, in deren anderem aber F negativ ist. Ich darf sogar annehmen, daß diese Rechtecke kongruent sind. Die Abszissen dieser Rechtecke mögen zwischen $x_0 - \delta$ und $x_0 + \delta$ liegen und ihre Ordinaten zwischen $y_0 - \varepsilon$ und $y_0 + \varepsilon$. Dann sind

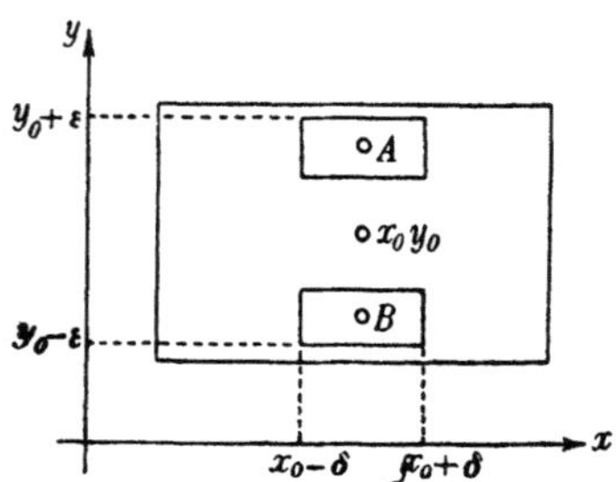

Fig. 31.

$$x_0 - \delta \leqq x \leqq x_0 + \delta \quad \text{und} \quad y_0 - \varepsilon \leqq y \leqq y_0 + \varepsilon$$

zwei Intervalle, für die unser Satz gilt. Denn verfolge ich $F(x, y)$ längs irgendeiner Geraden $x = x_1$, deren Abszisse dem Intervall $x_0 - \delta \leqq x \leqq x_0 + \delta$ angehört, so ist F bei der Ordinate $y_0 - \varepsilon$

negativ, bei der Ordinate $y_0 + \varepsilon$ dagegen positiv. Da aber dazwischen $\frac{\partial F}{\partial y}$ positiv ist, so wächst dazwischen F monoton und passiert genau einmal die Null. Damit ist die im Satz erwähnte eindeutige Lösung $y = f(x)$ gefunden. Sie ist außerdem stetig bei $x = x_0$, weil einer Änderung von x um weniger als δ eine Änderung von y um weniger als ε entspricht und δ wie ε beliebig klein gewählt werden können. Es bleibt noch die Aussage über die Differentialquotienten zu beweisen. Wir gehen auf die Definition des Differentialquotienten zurück. Tragen wir die Lösung $y = f(x)$ in $F(x, y)$ ein, so ist die mittelbare Funktion $F(x, f(x))$ für alle x Null. Daher sind auch die Differenzquotienten Null. Wir finden also:

$$0 = \frac{F(x_0 + \Delta x, f(x_0 + \Delta x)) - F(x_0, f(x_0))}{\Delta x}$$

$$= \frac{F(x_0 + \Delta x, y_0 + \Delta y) - F(x_0, y_0 + \Delta y)}{\Delta x} + \frac{F(x_0, y_0 + \Delta y) - F(x_0, y_0)}{\Delta x}$$

$$= p(x_0 + \vartheta_1 \Delta x, y_0 + \Delta y) + q(x_0, y_0 + \vartheta_2 \Delta y) \cdot \frac{\Delta y}{\Delta x}.$$

Daraus ergibt sich $\frac{\Delta y}{\Delta x} = -\frac{p(x_0 + \vartheta_1 \Delta x, y_0 + \Delta y)}{q(x_0, y_0 + \vartheta_2 \Delta y}$, sobald man Δx und damit Δy so klein wählt, daß $q(x_0, y_0 + \vartheta_2 \Delta y)$ von Null verschieden ist. Da nun aber $p(x, y)$ und $q(x, y)$ bei $x_0 y_0$ stetig sind, so existieren die Grenzwerte

$$\lim_{\substack{\Delta x \to 0 \\ \Delta y \to 0}} p(x_0 + \vartheta_1 \Delta x, y_0 + \Delta y)$$

und $\lim\limits_{\Delta y \to 0} q(x_0, y_0 + \vartheta_2 \Delta y)$, und da außerdem $q(x_0, y_0)$ von Null verschieden ist, so existiert auch der Grenzwert $\lim\limits_{\Delta x \to 0} \frac{\Delta y}{\Delta x} = f'(x)$. Daher ist $y = f(x)$ differenzierbar, und es ist $f'(x_0) = -\frac{p(x_0 y_0)}{q(x_0 y_0)}$.

Den Fall, wo an der betreffenden Stelle $q = 0$, aber $p \neq 0$ ist, behandelt man ebenso. Wenn aber an einer Stelle beide erste partielle Ableitungen verschwinden, so versagt unsere Überlegung völlig. Dann läßt sich auch keine allgemeine Aussage über die Existenz von Lösungen machen. Es kann sein, daß gar keine Lösung vorhanden ist, wie z. B. bei $x^2 + y^2 = 0$, das im Reellen nur bei 0,0 (Einsiedlerpunkt) verschwindet. Es können aber auch zwei Lösungen verschiedener Richtung (Doppelpunkt) da sein, wie bei $x^2 - y^2 = 0$, die beiden Geraden $y = x$ und $y = -x$ (siehe auch S. 129). Endlich können auch zwei Lösungen gleicher Richtung da sein, wie z. B. bei $y^2 = x^3$. Das gibt ein Kurvenbild mit Spitze (Fig. 32). Wir haben damit nur die einfachsten Fälle aufgezählt, es gibt deren noch viele andere. Die Kriterien, die es ermöglichen, sie voneinander zu trennen, wollen wir nicht mehr ausführlich behandeln. Wir wollen nur noch angeben, wie man die Richtung eines Kurvenastes bestimmen kann, der einen solchen, wie man sagt, singulären Punkt passiert, wenn man erst weiß, daß der Ast eine sich bis in den Punkt stetig ändernde Tangentenrichtung besitzt. Dann kann man so verfahren: Man geht wieder von der identisch richtigen Gleichung aus: $F(x, f(x)) = 0$. Wenn man sie einmal differenziert, so kann man daraus im allgemeinen wie vorhin y' entnehmen. Wenn aber im singulären Punkt p und q beide verschwinden, so geht das nicht. Ich differenziere alsdann die Gleichung noch einmal und erhalte

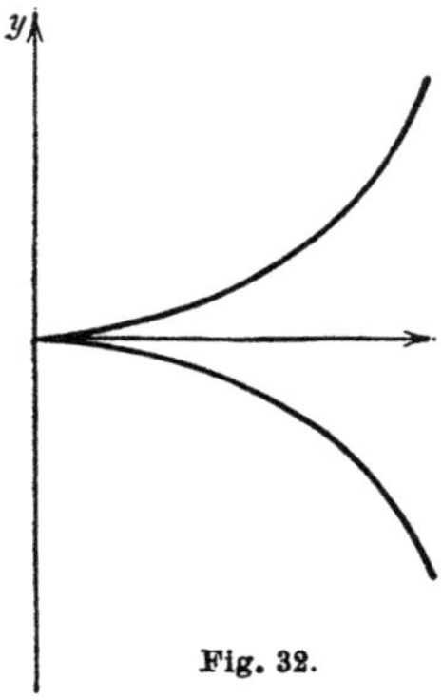

Fig. 32.

$$\frac{\partial p}{\partial x} + \frac{\partial p}{\partial y} y' + \frac{\partial q}{\partial x} y' + \frac{\partial q}{\partial y} y'^2 + q y'' = 0.$$

Hieraus bestimmt man im allgemeinen y''. In unserem Falle aber verschwindet der Koeffizient von y''. Ich erhalte also wieder eine Gleichung für y', nämlich

$$\frac{\partial p}{\partial x} + y'\left(\frac{\partial p}{\partial y} + \frac{\partial q}{\partial x}\right) + y'^2 \frac{\partial q}{\partial y} = 0.$$

Aus ihr kann man nun im allgemeinen y' berechnen; geht es wieder nicht, weil wieder alle Koeffizienten verschwinden, so differenziert man noch einmal und fährt so fort, bis vielleicht einmal die Bestimmung von y' gelingt. Im allgemeinen erhält man dabei mehrere verschiedene Richtungen (reell oder imaginär) entsprechend den verschiedenen Kurvenästen, die im allgemeinen den Doppelpunkt oder mehrfachen Punkt passieren.

Wir wollen es nicht unterlassen, noch die folgende manchmal nützliche Bemerkung zu machen. Wir werden in einem der nächsten Paragraphen die Maxima und Minima der Flächen studieren und dafür Kriterien angeben. Diese Kriterien sind nun direkt Kriterien, um daraus in gewissen Fällen die Existenz der Lösungsfunktion zu erkennen; denn es ist ja unmittelbar klar, daß, wenn die z-Koordinate Null eine höchste Erhebung oder eine tiefste Senkung bedeutet, daß dann in der Nachbarschaft des betreffenden Punktes die Fläche die xy-Ebene nicht trifft und daß auch umgekehrt dann, wenn die xy-Ebene in der Umgebung einer Nullstelle von $z = f(x, y)$ sonst nicht getroffen wird, ein eigentliches Maximum oder Minimum der Fläche vorliegen muß.

Zusatz: Den am Beginn dieses Paragraphen ausgesprochenen und bewiesenen Satz kann man ohne weiteres auf Funktionen beliebig vieler Variablen übertragen. Auch der Beweisgang läßt sich leicht den neuen Verhältnissen anpassen. Man muß nur in den Raum gehen. An die Stelle der x-Achse von damals tritt bei einer nach y aufzulösenden Gleichung $F(x, y, u) = 0$ zwischen drei Veränderlichen die x, u-Ebene; die y-Achse geht senkrecht dazu in den Raum. Statt Intervallen benutzen wir nun Umgebungen, statt Umgebungen der dort mit A und B bezeichneten Punkte nun Umgebungen des entsprechenden Raumpunktes. Hiernach wird der Leser leicht den Beweis durchführen können.

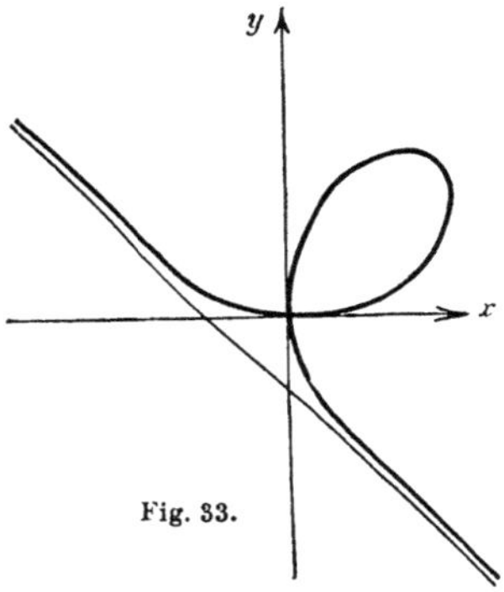

Fig. 33.

Beispiel: Durch $x^3 + y^3 - 3axy = 0$ wird eine nach Cartesius wegen ihrer Gestalt Cartesisches Blatt genannte Kurve dargestellt. Wir wollen ihre in der Fig. 33 skizzierte Gestalt zu bestimmen suchen. Die Kurve ist symmetrisch zur Winkelhalbierenden $y = x$, denn bei Vertauschung von x und y bleibt die Gleichung ungeändert. Die Winkelhalbierende selbst wird außer in $(0, 0)$ im Punkte $x = y = \frac{3}{2}a$ getroffen, wie man sofort nachrechnet. Um aber zu erkennen, wie die Kurve in der Nähe dieses Punktes verläuft, denken wir zunächst an unser Existenztheorem. Man sieht sofort, daß in diesem Punkte seine Voraussetzungen erfüllt sind. Dann entnimmt man der Gleichung

$$y' = \frac{ay - x^2}{y^2 - ax},$$

daß die Kurve die Winkelhalbierende senkrecht passiert. Liegt sie aber nun in der Nähe dieses Punktes auf derselben Seite ihrer Tangente wie der Koordinatenanfang, den sie ja auch passiert, oder auf der entgegengesetzten? Um das zu erkennen, haben wir zwei Feststellungen nötig. Einmal konstatieren wir, daß jede Gerade mit einer Gleichung von der Form $y = -x + \alpha$ die Kurve höchstens in zwei Punkten trifft. Ihre Abszissen bestimmt man ja aus der Gleichung

$$3x^2(a + \alpha) - 3x(\alpha^2 + a\alpha) + \alpha^3 = 0.$$

Hiernach führen wir Polarkoordinaten ein: $x = r\cos\varphi$, $y = r\sin\varphi$ und finden als Gleichung der Kurve $r = \dfrac{3a\sin\varphi\cos\varphi}{\sin^3\varphi + \cos^3\varphi}$. Daher liegt in jeder Richtung höchstens ein Punkt, und es wird beim Grenzübergang $\varphi \to 0$ auch $r = 0$. Diese Erkenntnis mit der erstgenannten zusammen lehrt uns, daß die Kurve im ersten Quadranten so aussieht, wie in der Figur angegeben. Denn wenn sich die Kurve in der Nähe des Schnittpunktes mit der Winkelhalbierenden erst jenseits ihrer Tangente befände, dann aber mit flacher werdendem Azimut sich unbegrenzt dem Koordinatenanfang näherte, so müßte eine jenseits von $x = y = \frac{3}{2} a$ gelegene, zur Tangente in diesem Punkt parallele Gerade gegen unsere Feststellung wegen der Symmetrie der Kurve in mindestens 4 Punkten getroffen werden. Man erkennt auch aus dieser Überlegung, daß die Kurve im Koordinatenanfang die x- und die y-Achse berührt. Diese beiden Geraden selbst werden indessen von der Kurve nur im Koordinatenanfang getroffen. Ähnliche Überlegungen lassen uns auch im zweiten und vierten Quadranten die Gestalt der Kurve erkennen. Daß sie im dritten Quadranten keine Punkte hat, entnimmt man aus der Kurvengleichung auf Grund der Tatsache, daß dort sowohl x wie y negativ sind. Die Gerade $x + y + a = 0$ ist Asymptote der Kurve, d. h. sie berührt die Kurve in einem ihrer unendlich fernen Punkte. Man erkennt das schon im Endlichen daran, daß der Kurvenast sich dieser Geraden unbegrenzt nähert. Um sie analytisch zu bestimmen, hat man zunächst aus der Kurvengleichung den $\lim\limits_{x \to a} \frac{y}{x}$ zu bestimmen. Dieser Grenzwert gibt die Richtung der Asymptote. Denn er gibt an, in welcher Richtung die Kurve ins Unendliche geht. Dividiert man die Kurvengleichung durch x^2 und läßt $x \to \infty$ streben, so findet man $\lim\limits_{x \to a} \frac{y}{x} = -1$. Daher schneidet man nun die Kurve mit den Geraden $y = -x + \alpha$ und hat noch α so zu bestimmen, daß möglichst viele Schnittpunkte der Geraden mit der Kurve ins Unendliche fallen. Der Schnitt führt zu der Gleichung von S. 129 unten. Ihr Grad wird möglichst klein, wenn man $\alpha = -a$ setzt. Daher wird $y = -x - a$ Asymptote.

Bemerkung: Noch sei bemerkt, daß man bequemer, als im vorstehenden dargelegt, zur Bestimmung der Asymptoten gelangt, wenn man nach den Regeln der projektiven Geometrie zu homogenen Koordinaten übergeht, dann die uneigentlichen Punkte der Kurve und die Tangenten in denselben bestimmt. Dies sind dann die Asymptoten.

Der Koordinatenanfang erweist sich als ein singulärer Punkt der Kurve, und zwar hier speziell als ein Doppelpunkt, weil ihn zwei Äste der Kurve passieren. Dort verschwinden die ersten partiellen Ableitungen. Differenziert man die Kurvengleichung zweimal nach x, um die Richtungen der Kurvenäste im Doppelpunkt zu finden, so erhält man

$$6x + 6y \cdot y'^2 + 3y^2 y'' - 6ay' - 3axy'' = 0.$$

Hieraus findet man für $x = y = 0$ nur die eine Richtung $y' = 0$; die andere $y' = \infty$ würde man erhalten, wenn man die Umkehrungsfunktion differenziert hätte.

Wir wählen noch ein *zweites Beispiel*, das wir der Theorie der divergierenden Parabeln entnehmen. Wir betrachten die Kurve

$$y^2 = (x - a)(x - b)(x - c) \quad (0 < a < b < c).$$

Ersichtlich besitzt sie nur da reelle Punkte, wo die rechte Seite positiv ist. Das ist zwischen a und b einerseits sowie rechts von c andererseits der Fall. Weiter ist die Funktion an jeder x-Stelle endlich und stetig, wächst aber bei ins Unendliche wachsendem x über alle Grenzen. Zwischen a und b muß sie daher beschränkt sein. Da sie außerdem symmetrisch zur x-Achse ist, so muß sie ungefähr aussehen, wie in Fig. 34 gezeichnet. (Daß sie in den drei Punkten a, b, c die x-Achse senkrecht trifft, rechnet man ja sofort nach.) Der geschlossene Zug zwischen a und b ist ein konvexes Oval, d. h. er kann keine Einbuchtungen haben. Die genaue mathematisch begriffliche Formulierung dieser Aussage ist die: Die Verbindungsstrecke zweier Punkte des Ovalinneren trifft (zwischen diesen beiden Punkten) die Kurve nicht. Andernfalls würde eine solche Gerade die Kurve mindestens viermal treffen. Das kann aber bei einer Kurve dritter Ordnung nie eintreten. Auch die Gestalt des unendlichen Zuges kann man noch etwas besser festlegen. Ich behaupte, er besitzt zwei zur x-Achse symmetrisch gelegene Wendepunkte. Um das einzusehen, verfolge ich den Kurvenzug von seinem Schnitt mit der x-Achse an. Er setzt dort senkrecht ein. Gehe ich nach oben weiter, so muß seine Tangentenrichtung alsbald flacher werden. Sie kann aber nicht unbegrenzt sich der Horizontalen nähern, da sonst die Tangenten auch noch das Oval in zwei Punkten, die Kurve also im ganzen in vier Punkten schnitten (zwei fallen immer im Berührungspunkt zusammen). Das wären wieder zuviel Schnittpunkte. Wenn sie also doch immer flacher würde, so müßte sie sich einer Grenzlage nähern, die flacher ist als die y-Achse. Man entnimmt aber der Ableitung

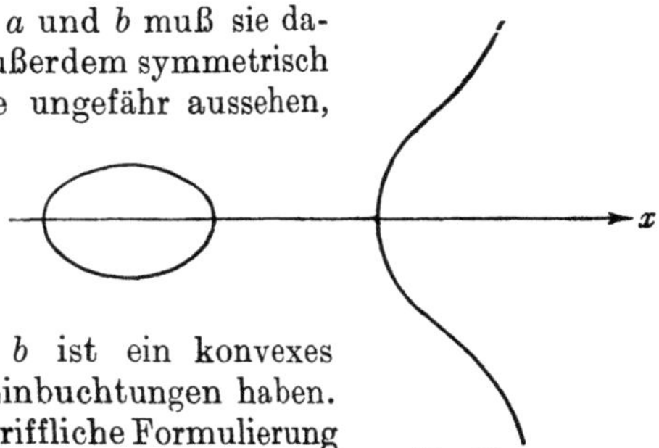

Fig. 34.

$$y' = \frac{(x-b)(x-c) + (x-a)(x-c) + (x-a)(x-b)}{2\sqrt{(x-a)(x-b)(x-c)}},$$

daß ihr Limes für $x \to \infty$ wieder ∞ ist. Also muß irgendwann die Tangentenrichtung wieder beginnen, steiler zu werden. Dort liegt aber nach den Erörterungen auf S. 83 ein Wendepunkt der Kurve. Man kann auch noch zeigen, daß auf jeder Seite der x-Achse nur einer liegt. Wir wollen das aber nicht mehr weiter ausführen. Läßt man b und c zusammenrücken, so sieht man, wie ein Doppelpunkt entsteht. Fallen a, b, c alle drei zusammen, so kommt der Spitzentypus von Fig. 128 heraus. Fallen aber a und b zusammen, so schrumpft das Oval zu einem Einsiedlerpunkt zusammen.

Über die Auflösung von Gleichungssystemen. Mit Rücksicht auf spätere Anwendung im zweiten Band wollen wir hier noch die Frage behandeln, wann es zwei Funktionen $x = x(u, v)$, $y = y(u, v)$ gibt, die das Gleichungssystem $u = f(x, y)$, $v = g(x, y)$ lösen. Die Entscheidung darüber wird im allgemeinen durch das Verschwinden oder Nichtverschwinden der sog. Funktionaldeterminante

$$(1) \qquad \frac{d(u,v)}{d(x,y)} = \frac{\partial u}{\partial x}\frac{\partial v}{\partial y} - \frac{\partial u}{\partial y}\frac{\partial v}{\partial x}$$

gegeben. Wir wollen zunächst folgenden Satz beweisen: *Die Funktionen $u = f(x, y)$, $v = g(x, y)$ seien in einem gewissen Bereich stetig. Für einen inneren Punkt $x_0 y_0$ desselben sei $u_0 = f(x_0, y_0)$, $v_0 = g(x_0, y_0)$. In der Umgebung dieses Punktes sollen die vier partiellen Ableitungen erster Ordnung existieren und stetig sein. Ferner soll in diesem Punkt die Funktionaldeterminante $\frac{d(u,v)}{d(x,y)}$ nicht verschwinden. Dann gibt es eine Umgebung $\mathfrak{U}$ von u_0, v_0 und eine Umgebung $\mathfrak{X}$ von x_0, y_0 derart, daß zu jeder Stelle u_1, v_1 aus $\mathfrak{U}$ genau eine Stelle x_1, y_1 aus $\mathfrak{X}$ gehört, derart daß*

$$u_1 = f(x_1, y_1), \qquad v_1 = g(x_1, y_1)$$

ist. Dadurch sind in $\mathfrak{U}$ zwei Funktionen

$$x = x(u, v), \qquad y = y(u, v)$$

eindeutig erklärt. Sie sind in $\mathfrak{U}$ stetig und mit stetigem partiellen Ableitungen erster Ordnung versehen. Endlich ist

$$\frac{d(y,x)}{d(u,v)} \cdot \frac{d(u,v)}{d(x,y)} = 1.$$

Der Beweis stützt sich auf eine zweimalige Anwendung des Zusatzes auf S. 129.

Ich grenze um x_0, y_0 ein Rechteck $|x - x_0| < a$, $|y - y_0| < b$ ab; in ihm seien die Voraussetzungen des Satzes erfüllt. Es sei darin außerdem $\frac{\partial f}{\partial y} \neq 0$. Wegen des Nichtverschwindens von (1) muß nämlich in x_0, y_0 mindestens eine der vier in (1) vorkommenden partiellen Ableitungen von Null verschieden sein. Es ist keine Beschränkung der Allgemeinheit anzunehmen, daß $\frac{\partial f}{\partial y} \neq 0$ sei. Wir wählen dann noch a und b so, daß in dem Rechteck $|x - x_0| < a$, $|y - y_0| < b$ noch $\frac{\partial f}{\partial y}$ stetig und von Null verschieden bleibt. In diesem Rechteck mögen $u = f(x, y)$, $v = g(x, y)$ Wertepaare u, v annehmen, die Ungleichungen $|u - u_0| < c$, $|v - v_0| < d$ bei passender Wahl der c, d genügen. Wir wenden dann den Zusatz von S. 129 auf die Gleichung $u - f(x, y) = 0$ und das Intervall $|x - x_0| < a$, $|y - y_0| < b$, $|u - u_0| < c$ an, in der Absicht, die Auflösung nach y zu bewerkstelligen. Der Zusatz lehrt, daß es drei Zahlen $a_1 \leqq a$, $b_1 \leqq b$, $c_1 \leqq c$ gibt, so daß sich durch Auflösung von $u - f(x, y) = 0$ eine in $|x - x_0| < a_1$, $|u - u_0| < c_1$ stetige, mit stetigen partiellen Ableitungen erster Ordnung versehene Funktion $y = \bar{y}(u, x)$ ergibt, die nur Werte aus $|y - y_0| < b_1$ annimmt. Diese Funktion $y = \bar{y}(u, x)$ kann man in $v - g(x, y) = 0$ eintragen und erhält eine Gleichung $v - g(x, \bar{y}(v, x)) = 0$, deren linke Seite für $|x - x_0| < a_1$, $|u - u_0| < c_1$, $|v - v_0| < d$ stetig ist und stetige partielle Ableitungen erster Ordnung besitzt. Außerdem ist

$$\frac{\partial}{\partial x}(v - g(x, \bar{y}(u, x)) = -g_x - g_y \frac{\partial \bar{y}}{\partial x}$$

$$= -g_x + g_y \frac{f_x}{f_y}.$$

Dies ist in $|x - x_0| < a_1$, $|u - u_0| < c_1$ von Null verschieden. Wendet man dann den Zusatz von S. 129 erneut auf diese Gleichung und das Intervall $|x - x_0| < a_1$, $|u - u_0| < c_1$, $|v - v_0| < d$ an in der Absicht, sie nach x aufzulösen, so erhält man drei Zahlen $a_2 \leqq a_1$, $c_2 \leqq c_1$, $d_1 \leqq d$, so daß eine in $|u - u_0| < c_2$, $|v - v_0| < d_1$ stetige mit stetigen partiellen Ableitungen erster Ordnung versehene Funktion $x = x(u, v)$ die Auflösung leistet. Diese nimmt in $|u - u_0| < c_2$, $|v - v_0| < d_1$ nur Werte aus $|x - x_0| < a_2$ an. Man kann daher diese Funktion in $y = \bar{y}(u, x)$ eintragen, und erhält so $y = y(u, v)$. Diese Funktion ist dann in $|u - u_0| < c_2$, $|v - v_0| < d_1$ stetig und mit stetigen partiellen Ableitungen versehen und nimmt darin nur Werte aus $|y - y_0| < b_1$ an. Diese Funktion zusammen mit $x = x(u, v)$ stellt dann in $|u - u_0| < c_2$, $|v - v_0| < d_1$ die gesuchte Auflösung dar. In diesem Rechteck gilt identisch für diese Funktionen

$$u = f(x(u, v), \quad y(u, v))$$

$$v = g(x(u, v), \quad y(u, v))$$

Differentiation nach u und v liefert

$$1 = f_x \cdot x_u + f_y \cdot y_u, \quad 0 = f_x x_v + f_y y_v$$

$$0 = g_x \ \ x_u + g_y \ \ y_u, \quad 1 = g_x x_v + g_y y_v.$$

Diese Relationen beweisen die am Ende des Satzes ausgesprochene Behauptung über das Produkt der beiden Funktionaldeterminanten.

Die zuletzt aufgeschriebenen Relationen lehren noch das Folgende. Wenn $u = f(x, y)$, $v = g(x, y)$ in der Umgebung von x_0, y_0 stetige partielle Ableitungen erster Ordnung besitzen, wenn $u_0 = f(x_0, y_0)$, $v_0 = g(x_0, y_0)$ ist, wenn weiter die Funktionen $x = x(u, v)$, $y = y(u, v)$ in der Umgebung von u_0, v_0 stetige partielle Ableitungen erster Ordnungen besitzen, und wenn in der Umgebung von x_0, y_0 identisch $x = x(f, g)$, $y = y(f, g)$ gilt, so ist stets die Funktionaldeterminante (1) von Null verschieden.

Die Fälle, in denen die Funktionaldeterminante verschwindet, wollen wir nicht weiter verfolgen.

Wir wollen nur noch einen Fall betrachten, nämlich den, *daß in einem Bereich der x, y-Ebene die Funktionaldeterminante an jeder Stelle verschwindet. Dann ist die Auflösung sicher nicht möglich. Es ist vielmehr entweder $g(x, y)$ als Funktion von $f(x, y)$ oder f als Funktion von g darstellbar*; das will sagen, daß der Wert, den die eine der beiden Funktionen an einer Stelle des Bereiches annimmt, feststeht, sowie der Wert bekannt ist, den die andere daselbst annimmt.

Dieser Satz ist die Verallgemeinerung des Satzes bei einer Variablen, der besagt, daß eine stetige Funktion, deren Ableitung in einem Intervall überall verschwindet, dort konstant ist. Der Beweis ergibt sich an Händen der bisherigen Entwicklungen. Wenn nämlich die ersten Ableitungen überall im Bereich verschwinden, so sind die Funktionen $f(x, y)$ und $g(x, y)$ von x und y unabhängig. Dann ist der gewünschte Beweis bereits erbracht. Wenn aber an einer Stelle und damit wegen der Stetigkeit in einer gewissen Umgebung derselben eine Ableitung, z. B. $\frac{\partial f}{\partial y}$, nicht verschwindet, so können wir die bisher befolgte Schlußweise zunächst einhalten, bis wir zur Berechnung der partiellen Ableitung von $g(x, y(u, x))$ nach x kommen. Diese erweist sich aber nun als Null, so daß in jener Umgebung eben $g(x, y(u, x))$ nicht von x, sondern nur von u abhängt. Dann ist also $g(x, y)$ als Funktion von f dargestellt.

§ 4. Die Taylorsche Formel. Bei einer Variablen handelte es sich darum, die Funktion $f(x + h)$ durch ein nach Potenzen von h fortschreitendes Polynom zu approximieren. Hier wird es sich darum handeln, die Funktion $f(x + h, y + k)$ durch eine nach

Potenzen von h und k fortschreitende ganze rationale Funktion anzunähern. Dies gelingt sehr leicht durch einen kleinen Kunstgriff. Für $t = 1$ geht die Funktion

$$f(x + ht, y + kt) = F(t)$$

in $f(x + h, y + k)$ über. Wir wollen nun die Funktion $F(t)$ nach der Maclaurinschen Formel behandeln und dann $t = 1$ eintragen. Wir wollen so zunächst den Mittelwertsatz übertragen. Als Wert der ersten Ableitung finden wir

$$F'(t) = h \frac{\partial f}{\partial x}(x + ht, y + kt) + k \frac{\partial f}{\partial y}(x + ht, y + kt).$$

Daher wird die Differenz

$$\begin{aligned} F(1) - F(0) &= f(x + h, y + k) - f(x, y) \\ &= h \frac{\partial f}{\partial x}(x + \vartheta h, y + \vartheta k) + k \frac{\partial f}{\partial y}(x + \vartheta h, y + \vartheta k). \end{aligned}$$

Dies ist also unsere Verallgemeinerung des Mittelwertsatzes. Die Voraussetzungen, die diese Operation legal machen, sind offenbar die, daß in einem die beiden Stellen x, y und $x + h, y + k$ sowie ihre geradlinige Verbindung $x + ht, \; y + kt (0 \leqq t \leqq 1)$ enthaltenden Gebiet $f(x, y)$ samt allen bei der Betrachtung auftretenden Ableitungen endlich und stetig ist. An dieser Voraussetzung halten wir fest, wenn wir jetzt zum allgemeinen Fall der Taylorschen Formel übergehen. Dann ist nämlich auch in allen Fällen, wie wir S. 125 sahen, die Reihenfolge der verschiedenen Differentiationen nach x und y gleichgültig. Wir finden so

$$F''(t) = h^2 \frac{\partial^2 f}{\partial x^2} + hk \frac{\partial^2 f}{\partial x \partial y} + k^2 \frac{\partial^2 f}{\partial y^2}.$$

Ferner finden wir

$$F'''(t) = h^3 \frac{\partial^3 f}{\partial x^3} + 3h^2 k \frac{\partial^3 f}{\partial x^2 \partial y} + 3hk^2 \frac{\partial^3 f}{\partial x \partial y^2} + k^3 \frac{\partial^3 f}{\partial y^3}.$$

Man sieht, wie hier jede Ableitung in h und k homogen ist, d. h. in jedem Term ist die Summe der Exponenten von h und k dieselbe. Ferner sieht man, daß als Koeffizienten immer die Binomialkoeffizienten auftreten. Wir schreiben die Schlußformel noch beim Vorgehen bis zur zweiten Ableitung auf. Es wird dann

$$\begin{aligned} f(x + h, y + k) &= f(x, y) + h \frac{\partial f}{\partial x}(x, y) + k \frac{\partial f}{\partial y}(x, y) \\ &+ \frac{\left(h^2 \frac{\partial^2 f}{\partial x^2}(x + \vartheta h, y + \vartheta k) + 2hk \frac{\partial^2 f}{\partial x \partial y}(x + \vartheta h, y + \vartheta k) + k^2 \frac{\partial^2 f}{\partial y^2}(x + \vartheta h, y + \vartheta k)\right)}{2!}. \end{aligned}$$

§ 5. Theorie der Maxima und Minima. Wir wollen die Taylorsche Formel verwenden, um Kriterien für die höchsten und tiefsten Punkte einer Fläche zu finden. Sei ein solcher bei x_0, y_0 gelegen, so haben wir seine z-Koordinate mit den z-Koordinaten der Nachbarpunkte zu vergleichen. Dazu betrachten wir die Differenz

$$f(x_0 + h, y_0 + k) - f(x_0, y_0) = h \frac{\partial f}{\partial x}(x_0 + \vartheta h, y_0 + \vartheta k) + k \frac{\partial f}{\partial y}(x_0 + \vartheta h, y_0 + \vartheta k).$$

Haben wir nun etwa ein Maximum, so muß für alle h und k einer gewissen Umgebung von (0, 0) immer $f(x_0 + h, y_0 + k) \leqq f(x_0, y_0)$ sein. Verschwänden nun nicht die beiden partiellen ersten Ableitungen $\frac{\partial f}{\partial x}$ und $\frac{\partial f}{\partial y}$ an dieser Stelle, so könnten wir wegen ihrer Stetigkeit eine Umgebung von x_0, y_0 angeben, in welcher sie nicht Null werden, also auch das gleiche Vorzeichen haben wie in $x_0 y_0$ selbst. Wenn wir aber dann in h und k die Vorzeichen ändern, so ändert auch die rechte Seite des Mittelwertsatzes ihr Vorzeichen; also kann die Differenz $f(x_0 + h, y_0 + k) - f(x_0, y_0)$ nicht immer dasselbe Vorzeichen haben. Für das Auftreten eines Maximums oder eines Minimums ist also eine notwendige Bedingung die, daß die beiden[1]) partiellen Ableitungen erster Ordnung an der betreffenden Stelle verschwinden. Geometrisch bedeutet diese Bedingung, daß die Tangentialebene des Flächenpunktes der $x\,y$-Ebene parallel ist. Wir schalten, um das klar zu sehen, eine kleine *Betrachtung über die Tangentialebene* ein. Ihre Definition beruht auf einem Satz. Dieser lautet: Die Tangenten an beliebige Flächenkurven durch einen festen Punkt der Fläche liegen in einer Ebene. Diese heißt Tangentialebene der Fläche in dem betrachteten Punkt. Wir wollen das hier[2]) allein für den uns interessierenden Fall eines Flächenpunktes zeigen, in dem die ersten Ableitungen verschwinden. Wir wollen die Fläche mit irgendeiner Ebene parallel zur z-Ebene schneiden und zeigen, daß alle Schnittkurven diesen Punkt parallel zur $x\,y$-Ebene passieren. Wir haben in Parameterdarstellung einzutragen $x = x_0 + mt$, $y = y_0 + nt$, wo $t = 0$ der Parameterwert des Punktes x_0, y_0 ist und m, n Konstanten bedeuten. Dann wird die Gleichung der Schnittkurve $z = f(x_0 + mt, y_0 + nt)$. Also ist in x_0, y_0

$$\frac{dz}{dt} = \frac{\partial f}{\partial x}(x_0, y_0)m + \frac{\partial f}{\partial y}(x_0, y_0)n = 0.$$

Die Kurve verläuft also in x_0, y_0 parallel zur $x\,y$-Ebene.

1) Wenn nur $f_y \neq 0$ wäre, so setze man $h = 0$ und mache auf Grund des wechselnden Vorzeichens von k denselben Schluß wie vorhin.

2) Vgl. auch Bd. 2 Kap. VII § 6.

Diese Bedingung für die Tangentialebene ist nun natürlich nicht hinreichend für die Existenz eines Maximums oder Minimums. Man braucht nur etwa an einen Gebirgssattel zu denken oder an das hyperbolische Paraboloid $z = xy$ im Koordinatenanfang. Dazu ist es ja auch nur eine gemeinsame Bedingung für Maximum und Minimum. Um die verschiedenen Fälle zu trennen, ziehen wir das nächste Glied der Taylorentwicklung heran. Da aber die beiden Ableitungen p und q verschwinden, so erhalten wir eine Abschätzung der Differenz $f(x_0 + h, y_0 + k) - f(x_0, y_0)$ durch die zweiten Ableitungen. Wir haben nämlich

$$f(x_0 + h, y_0 + k) - f(x_0, y_0) = \frac{h^2}{2} \frac{\partial^2 f}{\partial x^2}(x_0 + \vartheta h, y_0 + \vartheta k)$$

$$+ hk \frac{\partial^2 f}{\partial x \partial y}(x_0 + \vartheta h, y_0 + \vartheta k) + \frac{k^2}{2} \frac{\partial^2 f}{\partial y^2}(x_0 + \vartheta h, y_0 + \vartheta k).$$

Hier muß nun für alle h und k einer gewissen Umgebung von $h = 0$, $k = 0$ die rechte Seite immer nichtnegativ sein, wenn ein Minimum vorliegen soll; sie muß immer nichtpositiv sein, wenn ein Maximum da sein soll. Wegen der Stetigkeit der Ableitungen genügt es also, zu verlangen, daß für alle h, k einer gewissen Umgebung von Null $R \equiv h^2 \frac{\partial^2 f}{\partial^2 x}(x_0, y_0) + 2hk \frac{\partial^2 f}{\partial x \partial y}(x_0, y_0) + k^2 \frac{\partial^2 f}{\partial^2 y}(x_0, y_0)$ ständig positiv bzw. negativ sei. Wir untersuchen jetzt die Bedingungen, welche dies für die Ableitungen nach sich zieht, die hier als Koeffizienten der *quadratischen Form* in h und k auftreten. Wir wollen zunächst annehmen, daß keine der Ableitungen

$$f_{xx} = \frac{\partial^2 f}{\partial x^2}, \quad f_{xy} = \frac{\partial^2 f}{\partial x \partial y}, \quad f_{yy} = \frac{\partial^2 f}{\partial y^2}$$

verschwindet. Dann bringen wir R in diese Gestalt:

$$f_{xx}\left(h + k\frac{f_{xy}}{f_{xx}}\right)^2 + k^2\left(\frac{f_{xx}f_{yy} - f^2_{xy}}{f_{xx}}\right) \equiv R.$$

Hieraus erkennt man, daß eine hinreichende Bedingung für ein Maximum die ist, daß $f_{xx} < 0$ und daß $f_{xx}f_{yy} - f^2_{xy} > 0$. Daraus folgt noch $f_{yy} < 0$. Ebenso ist hinreichend für ein Minimum, daß $f_{xx} > 0$ und daß $f_{xx}f_{yy} - f^2_{xy} > 0$. Daraus folgt noch $f_{yy} > 0$. Wie weit sind aber diese Bedingungen notwendig? Unsere bisherige Überlegung zeigt nur die Notwendigkeit der Bedingung $R \leqq 0$ beim Maximum und der Bedingung $R \geqq 0$ beim Minimum. Sei zunächst noch $f_{xx} \neq 0$; dann ist ersichtlich notwendig beim Maximum, daß $f_{xx} < 0$ und daß $f_{xx}f_{yy} - f^2_{xy} \geqq 0$. Beim Minimum ist notwendig, daß $f_{xx} > 0$ und $f_{xx}f_{yy} - f^2_{xy} \geqq 0$. Wenn aber $f_{xx} = 0$, so sei zunächst noch $f_{yy} \neq 0$. Dann zeigt die gleiche Überlegung, daß notwendig auch $f_{yy} = 0$ sein muß. Wenn aber alle Ableitungen verschwinden, so können wir gar keine Schlüsse ziehen. Wir müssen die höheren Ableitungen betrachten. Wir gehen darauf nicht mehr ein.

Verallgemeinerung auf n Variable. Durch genau die gleichen Betrachtungen gelangt man auch zu notwendigen und zu hinreichenden Bedingungen für Maxima und Minima bei einer Funktion $f(x_1, \ldots, x_n)$ von n Veränderlichen. Soll bei der Stelle $x_1 = \xi_1, \ldots, x_n = \xi_n$ ein Maximum oder Minimum liegen, so müssen notwendig sämtliche erste Ableitungen $\frac{\partial f}{\partial x_i}(\xi_1, \ldots, \xi_n) = 0$ sein ($i = 1 \ldots n$). Für ein Maximum ist weiter notwendig, daß die quadratische Form $\sum\limits_{i, k = 1, \ldots n} \frac{\partial^2 f}{\partial x_i \partial x_k}(\xi_1, \ldots, \xi_n) h_i h_k \leqq 0$ ist für beliebige h_i, h_k; für ein Minimum dagegen muß notwendig $\sum\limits_{\substack{i=1\ldots n\\ k=1\ldots n}} \frac{\partial^2 f}{\partial x_i \partial x_k}(\xi_1, \ldots, \xi_n) \geqq 0$ sein für alle h_i, h_k. Löscht man in den zuletzt aufgestellten Bedingungen das Gleichheitszeichen, so erhält man Bedingungen, die zusammen mit dem Verschwinden der ersten Ableitungen für das Auftreten eines Maximums oder Minimums an der Stelle $\xi_1 \ldots \xi_n$ hinreichend sind. Sache der Algebra ist auch in diesen allgemeineren Fällen, ähnlich wie oben für $n = 2$ die Bedingungen dafür aufzusuchen, daß eine quadratische Form nur positive oder nur negative Werte annehmen kann.

§ 6. Maxima und Minima mit Nebenbedingungen. Man wird oft vor die Aufgabe gestellt, die Maxima und Minima der Funktion $f(x, y)$ für diejenigen Wertepaare $x\,y$ zu suchen, zwischen denen eine Gleichung $g(x, y) = 0$ besteht, die man Nebenbedingung nennt. In geometrischer Sprechweise handelt es sich um die höchsten und tiefsten unter denjenigen Punkten der Fläche $z = f(x, y)$, welche über der Kurve $g(x, y) = 0$ liegen. Als ersten Gedanken wird wahrscheinlich der Leser den haben: Man drücke aus $g(x, y) = 0$ z. B. y durch x aus: $y = \varphi(x)$, trage dies in f ein und suche die x-Werte, für welche $f(x, \varphi(x))$ zum Maximum oder Minimum wird. Bei diesem Verfahren hat man demnach erst von einer impliziten zu einer expliziten Funktion überzugehen und steht dann vor einer Aufgabe der gewöhnlichen Maxima und Minima. Vorteilhafter ist es, nicht in jedem konkreten Fall nach dieser Regel zu verfahren, sondern noch mit allgemein gelassenen Funktionen f und g das Verfahren etwas weiter durchzuführen. Man hat nämlich zur Ermittlung der Maxima und Minima von $f(x, \varphi(x))$ nach x zu differenzieren und die Ableitung Null zu setzen. Dies liefert

$$\frac{\partial f}{\partial x} + \frac{\partial f}{\partial y} \cdot \frac{d y}{d x} = 0. \tag{1}$$

Hier aber ist $\frac{dy}{dx}$ durch Differentiation von $g(x, y) = 0$ zu bestimmen. Man findet

$$\frac{\partial g}{\partial x} + \frac{\partial g}{\partial y}\frac{dy}{dx} = 0. \tag{2}$$

Man setzt dementsprechend voraus, daß $\frac{\partial g}{\partial y} \neq 0$ für alle in Betracht zu ziehenden Wertepaare x, y. Nimmt man nun an, man hätte eine Stelle x, y gefunden, an der die beiden Gleichungen (1) und (2) gelten $\left(\text{bei passender Wahl von } \frac{dy}{dx}\right)$. Dann muß es zwei Zahlen λ und μ geben, die nicht beide verschwinden, so daß an dieser Stelle

$$\mu\frac{\partial f}{\partial y} + \lambda\frac{\partial g}{\partial y} = 0$$

ist. Multipliziert man dann die Gleichung (1) mit λ, die Gleichung (2) mit μ und addiert beide, so sieht man, daß auch

$$\mu\frac{\partial f}{\partial x} + \lambda\frac{\partial g}{\partial x} = 0.$$

Dabei ist sicher $\mu \neq 0$, weil $\frac{\partial g}{\partial y} \neq 0$ ist nach Voraussetzung.

Man darf daher wegen der Homogenität der beiden Gleichungen $\mu = 1$ nehmen. So sieht man: Zu jeder Stelle x, y, wo f ein Extrem hat, während $g = 0$ ist, gehört eine Zahl λ, so daß

$$\frac{\partial f}{\partial x} + \lambda\frac{\partial g}{\partial x} = 0$$

und

$$\frac{\partial f}{\partial y} + \lambda\frac{\partial g}{\partial y} = 0.$$

Auf diese Gleichungen wäre man aber geführt worden, wenn man die Maxima und Minima von

$$f + \lambda g$$

gesucht hätte. So haben wir folgende Regel: Man sucht für eine beliebige Zahl λ die Stellen, wo $f + \lambda g$ ein Extrem haben kann, und bestimmt dann λ so, daß für die gefundenen Stellen $g = 0$ ist. Mit anderen Worten: Man bestimme die drei unbekannten Zahlen x, y, λ aus den drei Gleichungen

$$\frac{\partial f}{\partial x} + \lambda\frac{\partial g}{\partial x} = 0$$

$$\frac{\partial f}{\partial y} + \lambda\frac{\partial g}{\partial y} = 0$$

$$g(x, y) = 0.$$

Der Vorteil dieses Verfahrens liegt darin, daß man nur noch Gleichungen für unbekannte Zahlen zu lösen hat, während früher erst eine Gleichung für eine unbekannte Funktion aufzulösen war. Man nennt dies Verfahren *Multiplikatorenmethode* (λ ist der Multiplikator). Man kann es ganz analog anwenden, wenn eine Funktion von mehreren Veränderlichen zum Extrem zu machen ist, während eine größere Zahl von Nebenbedingungen vorliegt. Z. B. soll $f(x_1, \ldots, x_n) =$ Extrem werden, während $g_1(x, \ldots, x_n) = 0$, $g_2(x_1, \ldots, x_n) = 0$ sein soll. Dann findet man alle die Extremstellen, an denen

$$\frac{d(g_1, g_2)}{d(x_k, x_m)} \neq 0,$$

ist, für ein passendes Paar verschiedener Zahlen k, m, in dem man die Aufgabe behandelt:

$$f + \lambda_1 g_1 + \lambda_2 g_2$$

soll Extrem werden. Das führt zu den $n + 2$ Gleichungen

$$\frac{\partial(f + \lambda_1 g_1 + \lambda_2 g_2)}{\partial x_i} = 0 \quad i = 1 \ldots n$$

$$g_1(x_1, \ldots, x_n) = 0$$

$$g_2(x, \ldots, x_n) = 0$$

für die unbekannten $n + 2$ Zahlen $x_1, \ldots, x_n, \lambda_1, \lambda_2$.

Register.

GPSR Compliance

The European Union's (EU) General Product Safety Regulation (GPSR) is a set of rules that requires consumer products to be safe and our obligations to ensure this.

If you have any concerns about our products, you can contact us on ProductSafety@springernature.com

In case Publisher is established outside the EU, the EU authorized representative is:

Springer Nature Customer Service Center GmbH
Europaplatz 3
69115 Heidelberg, Germany

Batch number: 10577915

Printed by Printforce, the Netherlands